サンプルデータのダウンロード方法

本書のサンプルデータはNPO法人CAE懇話会のホームページの下記URLにて公開しています。ファイルに含められている使用条件および下記の注意事項にしたがって、活用してください。

http://www.cae21.org/text/text_inelastic.shtml

zipファイルの解凍パスワード：i3hc1c4a

注意事項

- 本サンプルデータの著作権は、本書の著作者に帰属します。
- いずれのデータファイルも第三者に譲渡することは禁止します。
- 著作権者・出版社・CAE懇話会は、サンプルデータの使用による計算結果や損害について、その責任を負いません。
- 著作権者・出版社・CAE懇話会は、サンプルデータに不具合があったとしても、これを修正する義務はありません。また、その不具合によって何らかの損害が利用者に発生したとしてもその責任を負いません。
- 著作権者・出版社・CAE懇話会は、サンプルデータを使用するための環境設定や、利用に関する技術的なサポートは一切行いません。
- サンプルデータを使用して得られた研究成果を学会等で発表する場合は、サンプルデータを使用した旨の引用表記を適切に行ってください。
- ダウンロードサービスは予告なく終了することがあります。

解析塾秘伝 非弾性材料の学び方！

弾塑性・クリープ材料の有限要素法解析

石川 覚志【著】

NPO法人CAE懇話会【監修】

日刊工業新聞社

本書の構成

本書の目的は、非線形有限要素法における金属や土質系の非弾性材料
わち弾塑性と粘塑性（クリープ）の材料モデルの理論と材料パラメータ
を理解し、適切な有限要素法解析を行えるようになることである。第1
序章として、基本的な応力とひずみの関係および有限変形理論の概要
な弾塑性理論を説明している。第2章以降が実質的な内容となり、第
属系材料、第3章で土質系材料と材質別に章を設けて説明している。
章は粘塑性材料というタイトルとした。本来、粘塑性というキーワー
の速度依存性を表し、金属でも土砂でも見られる現象である。降伏応
み速度に依存する材料については第2章でいくつかのモデルを説明
しかし、「粘塑性とは降伏曲面を持たない塑性モデルである」という
れば、それは現在の有限要素法の枠組みとしてCREEPというキーワ
とめられているので、別の章として設けた。

なお、材料モデルの数式は、できる限り原論文に記載されている
した。したがって、たとえば降伏応力をYやσ^yあるいは$\bar{\sigma}$などと
で表記しているが、同じ意味として解釈していただきたい。

本書では、材料モデルの理解が深まるようにできるだけ多くの例
ており、それらのサンプルデータはAbaqusの入力データを用いて
る。もちろん本書のサンプルデータはインターネット上にて公開し
ダウンロードして活用いただきたい。

目　次

第3章 土質系材料

第4章 粘塑性材料

第1章

序　章

第２章以降で非弾性材料について詳細に述べる前に、本章では基礎知識として応力やひずみの定義とそれぞれの関係ならびに変位とひずみの関係、さらに有限変形理論と弾塑性理論の基本について解説する。これらの基礎知識は、非線形有限要素法による非弾性材料を正しく理解し解析するために最低限必要な土台（知識）である。

1.1　応力とひずみ

1.1.1　単軸変形

図 1.1 のように、変形前の長さ L、直径 D の丸棒があり、外力 P を受けて、長さ l、直径 d に変形して、つり合い状態を保っているとする。棒の横断面に働く内力は外力 P と等しく、棒の断面積を A として単位面積あたりの内力を応力（stress）といい、

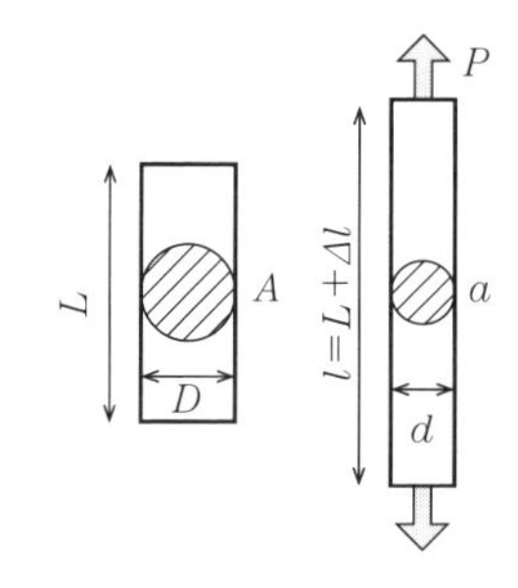

図 1.1　単軸変形

$$\sigma = \frac{P}{A} \tag{1.1}$$

で定義される。

また、外力 P により変形した棒の長さ方向の伸び Δl（$=l-L$）を元の長さ L で除した量を縦ひずみ、または、ひずみ（strain）といい

$$\varepsilon = \frac{\Delta l}{L} \tag{1.2}$$

で定義される。材料が弾性体であれば応力とひずみには次の関係式が成り立つ。

$$\sigma = E\varepsilon \tag{1.3}$$

ここで、比例定数 E をヤング率（Young's modulus）または縦弾性係数という。このように、軸方向にのみ剛性を考慮した状態を単軸状態という。

工学上、外力のことを荷重といい、一般に棒が引張荷重を受けている場合、棒の面積は減少する。荷重に直角な方向の縮み Δd（$=d-D$）を元の長さ D で除した量を横ひずみと定義すると

$$\varepsilon' = \frac{\Delta d}{D} \tag{1.4}$$

となり、荷重方向のひずみとの比率

$$\nu = -\frac{\varepsilon'}{\varepsilon} \tag{1.5}$$

をポアソン比（Poisson's ratio）という。

1.1.2 せん断変形

図1.2のように下辺を固定した実線で示される長方形板の上辺に横方向の力を作用させる場合を考えると、上辺が相対的にλだけ移動し、点線の平行四辺形となるせん断変形が生じる。作用させる応力τをせん断応力（shear stress）という。この時に生じる角度変化θからせん断ひずみ（shear strain）γは、次式で定義される。

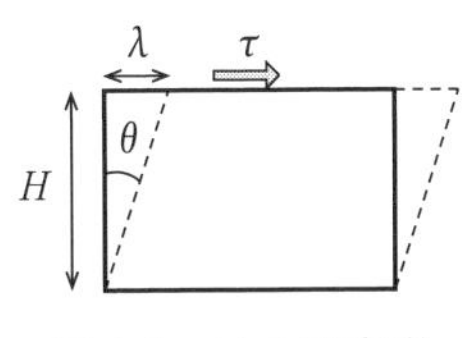

図1.2 せん断変形

$$\gamma = \tan\theta = \frac{\lambda}{H} \tag{1.6}$$

このとき、せん断応力とせん断ひずみには次の関係式が成り立つ。

$$\tau = G\gamma \tag{1.7}$$

ここで、Gをせん断弾性率（shear modulus）または、横弾性係数という。G以外にもギリシャ文字のμ（ミュー）でも表記される。

1.1.3 体積変形

物体の全表面に働く一様な応力p（たとえば静水圧）によって、**図1.3**の実線で示す体積Vが点線で示す薄墨の体積$V+\Delta V$に変化するときの変化量を元の体積で除した値を体積ひずみ（volumetric strain）といい、次式で定義される。

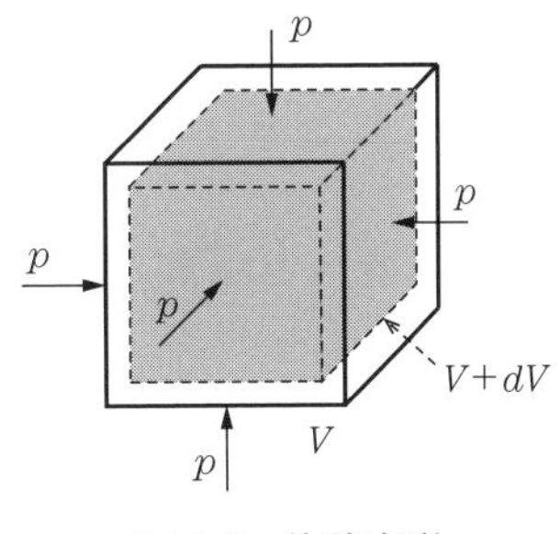

図1.3 体積変形

$$\varepsilon_v = \frac{\Delta V}{V} \tag{1.8}$$

このとき、圧力と体積ひずみには次の関係式が成り立つ。

$$p = K\varepsilon_v \tag{1.9}$$

ここで、K を体積弾性率（bulk modulus）という。

ここまでで説明した弾性定数の関係を**表 1.1** に示す。表 1.1 のラーメの定数（Lame's constants）λ を使えば、次節で説明する応力テンソル σ_{ij} は次式のようにひずみテンソル ε_{ij} の垂直成分の項とせん断成分の項で表せる。

$$\sigma_{ij} = \lambda \varepsilon_{kk} \delta_{ij} + 2G\varepsilon_{ij} \tag{1.10}$$

表 1.1　弾性定数の関係

	E, ν	G, ν	E, G	E, K	K, G
E ヤング率	E	$2(1+\nu)G$	E	E	$\frac{9KG}{3K+G}$
ν ポアソン比	ν	ν	$\frac{E-2G}{2G}$	$\frac{3K-E}{6K}$	$\frac{3K-2G}{2(3K+G)}$
G せん断弾性率	$\frac{E}{2(1+\nu)}$	G	G	$\frac{3EK}{9K-E}$	G
K 体積弾性率	$\frac{E}{3(1-2\nu)}$	$\frac{2(1+\nu)G}{3(1-2\nu)}$	$\frac{EG}{3(3G-E)}$	K	K
λ ラーメの定数	$\frac{E\nu}{(1+\nu)(1-2\nu)}$	$\frac{2G\nu}{1-2\nu}$	$\frac{G(E-2G)}{3G-E}$	$\frac{3K(3K-E)}{9K-E}$	$K-\frac{2}{3}G$

1.2　多軸場での応力とひずみ

1.2.1　応力テンソル

前節では、1 次元状態での単軸応力場やせん断応力場について記したが、実際の構造物が変形を受けたときの内部応力は、多軸応力場となる。構造物あるいは材料の任意の点で応力場は、次のテンソル（tensor）で記述される。

解析塾秘伝
非弾性材料の学び方！

弾塑性・クリープ材料の有限要素法解析

石川 覚志【著】

NPO法人CAE懇話会【監修】

日刊工業新聞社

本書の構成

本書の目的は、非線形有限要素法における金属や土質系の非弾性材料、すなわち弾塑性と粘塑性（クリープ）の材料モデルの理論と材料パラメータの意味を理解し、適切な有限要素法解析を行えるようになることである。第１章では序章として、基本的な応力とひずみの関係および有限変形理論の概要と基礎的な弾塑性理論を説明している。第２章以降が実質的な内容となり、第２章で金属系材料、第３章で土質系材料と材質別に章を設けて説明している。続く第４章は粘塑性材料というタイトルとした。本来、粘塑性というキーワードは材料の速度依存性を表し、金属でも土砂でも見られる現象である。降伏応力がひずみ速度に依存する材料については第２章でいくつかのモデルを説明してある。しかし、「粘塑性とは降伏曲面を持たない塑性モデルである」という見方をすれば、それは現在の有限要素法の枠組みとして CREEP というキーワードでまとめられているので、別の章として設けた。

なお、材料モデルの数式は、できる限り原論文に記載されている変数を適用した。したがって、たとえば降伏応力を Y や σ^y あるいは $\bar{\sigma}$ などと異なる変数で表記しているが、同じ意味として解釈していただきたい。

本書では、材料モデルの理解が深まるようにできるだけ多くの例題を紹介しており、それらのサンプルデータは Abaqus の入力データを用いて説明している。もちろん本書のサンプルデータはインターネット上にて公開しているので、ダウンロードして活用いただきたい。

サンプルデータのダウンロード方法

本書のサンプルデータはNPO法人CAE懇話会のホームページの下記URLにて公開しています。ファイルに含められている使用条件および下記の注意事項にしたがって、活用してください。

http://www.cae21.org/text/text_inelastic.shtml

zipファイルの解凍パスワード：i3hc1c4a

注意事項

- 本サンプルデータの著作権は、本書の著作者に帰属します。
- いずれのデータファイルも第三者に譲渡することは禁止します。
- 著作権者・出版社・CAE懇話会は、サンプルデータの使用による計算結果や損害について、その責任を負いません。
- 著作権者・出版社・CAE懇話会は、サンプルデータに不具合があったとしても、これを修正する義務はありません。また、その不具合によって何らかの損害が利用者に発生したとしてもその責任を負いません。
- 著作権者・出版社・CAE懇話会は、サンプルデータを使用するための環境設定や、利用に関する技術的なサポートは一切行いません。
- サンプルデータを使用して得られた研究成果を学会等で発表する場合は、サンプルデータを使用した旨の引用表記を適切に行ってください。
- ダウンロードサービスは予告なく終了することがあります。

目　次

第３章　土質系材料

第４章　粘塑性材料

第1章

序　章

第２章以降で非弾性材料について詳細に述べる前に、本章では基礎知識として応力やひずみの定義とそれぞれの関係ならびに変位とひずみの関係、さらに有限変形理論と弾塑性理論の基本について解説する。これらの基礎知識は、非線形有限要素法による非弾性材料を正しく理解し解析するために最低限必要な土台（知識）である。

1.1 応力とひずみ

1.1.1 単軸変形

図 1.1 のように、変形前の長さL、直径Dの丸棒があり、外力Pを受けて、長さl、直径dに変形して、つり合い状態を保っているとする。棒の横断面に働く内力は外力Pと等しく、棒の断面積をAとして単位面積あたりの内力を応力（stress）といい、

$$\sigma = \frac{P}{A} \tag{1.1}$$

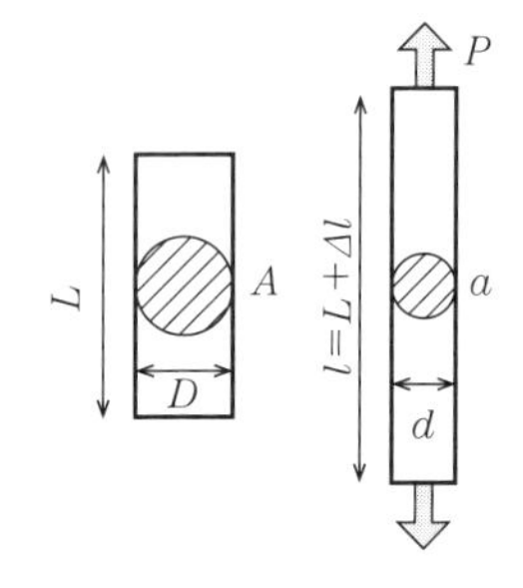

図 1.1　単軸変形

で定義される。

また、外力Pにより変形した棒の長さ方向の伸びΔl（$=l-L$）を元の長さLで除した量を縦ひずみ、または、ひずみ（strain）といい

$$\varepsilon = \frac{\Delta l}{L} \tag{1.2}$$

で定義される。材料が弾性体であれば応力とひずみには次の関係式が成り立つ。

$$\sigma = E\varepsilon \tag{1.3}$$

ここで、比例定数Eをヤング率（Young's modulus）または縦弾性係数という。このように、軸方向にのみ剛性を考慮した状態を単軸状態という。

工学上、外力のことを荷重といい、一般に棒が引張荷重を受けている場合、棒の面積は減少する。荷重に直角な方向の縮みΔd（$=d-D$）を元の長さDで除した量を横ひずみと定義すると

$$\varepsilon' = \frac{\Delta d}{D} \tag{1.4}$$

となり、荷重方向のひずみとの比率

$$\nu = -\frac{\varepsilon'}{\varepsilon} \tag{1.5}$$

をポアソン比（Poisson's ratio）という。

1.1.2 せん断変形

図 1.2 のように下辺を固定した実線で示される長方形板の上辺に横方向の力を作用させる場合を考えると、上辺が相対的に λ だけ移動し、点線の平行四辺形となるせん断変形が生じる。作用させる応力 τ をせん断応力（shear stress）という。この時に生じる角度変化 θ からせん断ひずみ（shear strain）γ は、次式で定義される。

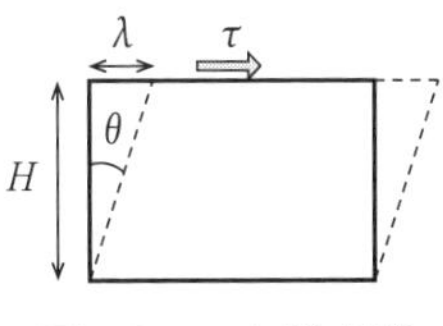

図 1.2 せん断変形

$$\gamma = \tan\theta = \frac{\lambda}{H} \tag{1.6}$$

このとき、せん断応力とせん断ひずみには次の関係式が成り立つ。

$$\tau = G\gamma \tag{1.7}$$

ここで、G をせん断弾性率（shear modulus）または、横弾性係数という。G 以外にもギリシャ文字の μ（ミュー）でも表記される。

1.1.3 体積変形

物体の全表面に働く一様な応力 p（たとえば静水圧）によって、**図 1.3** の実線で示す体積 V が点線で示す薄墨の体積 $V+\Delta V$ に変化するときの変化量を元の体積で除した値を体積ひずみ（volumetric strain）といい、次式で定義される。

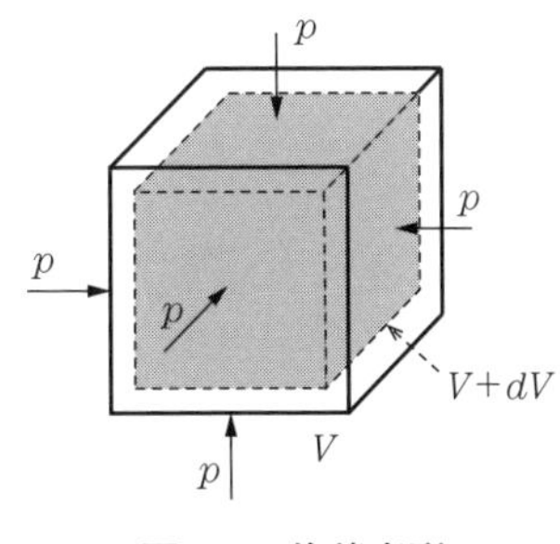

図 1.3 体積変形

$$\varepsilon_v = \frac{\Delta V}{V} \tag{1.8}$$

このとき、圧力と体積ひずみには次の関係式が成り立つ。

$$p = K\varepsilon_v \tag{1.9}$$

ここで、K を体積弾性率（bulk modulus）という。

ここまでで説明した弾性定数の関係を**表 1.1** に示す。表 1.1 のラーメの定数（Lame's constants）λ を使えば、次節で説明する応力テンソル σ_{ij} は次式のようにひずみテンソル ε_{ij} の垂直成分の項とせん断成分の項で表せる。

$$\sigma_{ij} = \lambda\varepsilon_{kk}\delta_{ij} + 2G\varepsilon_{ij} \tag{1.10}$$

表 1.1　弾性定数の関係

	E, ν	G, ν	E, G	E, K	K, G
E ヤング率	E	$2(1+\nu)G$	E	E	$\frac{9KG}{3K+G}$
ν ポアソン比	ν	ν	$\frac{E-2G}{2G}$	$\frac{3K-E}{6K}$	$\frac{3K-2G}{2(3K+G)}$
G せん断弾性率	$\frac{E}{2(1+\nu)}$	G	G	$\frac{3EK}{9K-E}$	G
K 体積弾性率	$\frac{E}{3(1-2\nu)}$	$\frac{2(1+\nu)G}{3(1-2\nu)}$	$\frac{EG}{3(3G-E)}$	K	K
λ ラーメの定数	$\frac{E\nu}{(1+\nu)(1-2\nu)}$	$\frac{2G\nu}{1-2\nu}$	$\frac{G(E-2G)}{3G-E}$	$\frac{3K(3K-E)}{9K-E}$	$K-\frac{2}{3}G$

1.2　多軸場での応力とひずみ

1.2.1　応力テンソル

前節では、1 次元状態での単軸応力場やせん断応力場について記したが、実際の構造物が変形を受けたときの内部応力は、多軸応力場となる。構造物あるいは材料の任意の点で応力場は、次のテンソル（tensor）で記述される。

$$[\sigma]=\begin{bmatrix}\sigma_{11} & \sigma_{12} & \sigma_{13}\\ \sigma_{21} & \sigma_{22} & \sigma_{23}\\ \sigma_{31} & \sigma_{32} & \sigma_{33}\end{bmatrix} \tag{1.11}$$

成分 σ_{ij} の最初の添字 i は応力が生じている面（その番号に垂直な面）、第2の添字 j は力の方向を表す。点では、わかりづらいので**図 1.4** に示す直方体で力の成分を考える。応力成分 σ_{11} は1番の面（2番と3番軸上の面）を1番軸方向に引っ張ろうとする力であり、σ_{12}、σ_{13} は1番の面をそれぞれ2番軸方向、3番軸方向にずらそうとする力の成分である。このように、添字が同じ成分（σ_{ij}:$i=j$）を垂直成分といい、添字が異なる成分（σ_{ij}:$i\neq j$）をせん断成分という。力のつり合いが取れていれば、添字が入れ替わる成分は等しいので、$\sigma_{ij}=\sigma_{ji}$ が成り立ち、$[\sigma]$は対称テンソル（symmetric tensor）となる。

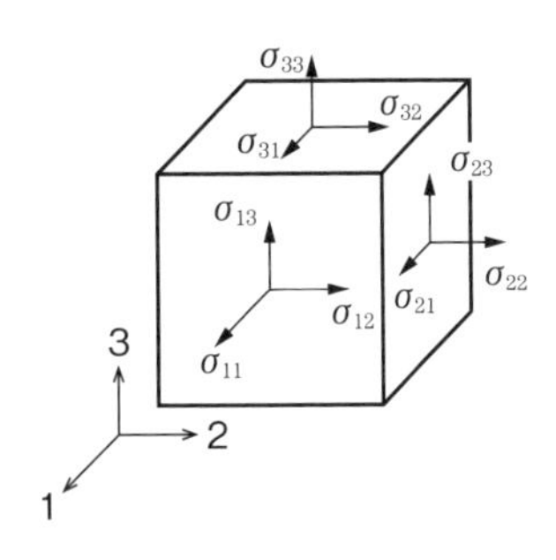

図 1.4 応力テンソル

1.2.2 主応力ベクトル

次に、ある点の既知の応力テンソル［σ］に対して、**図 1.5** に示す $\mathbf{n}$（n_1, n_2, n_3）の方向余弦をもつ面 ABC を考える。面 ABC に作用する応力ベクトルを $\mathbf{t}$ とすると、四面体のつり合いから、次式が成り立つ。

$$[\sigma]^{\mathrm{T}}\{n\}=[\sigma]\{n\}=\{t\} \tag{1.12}$$

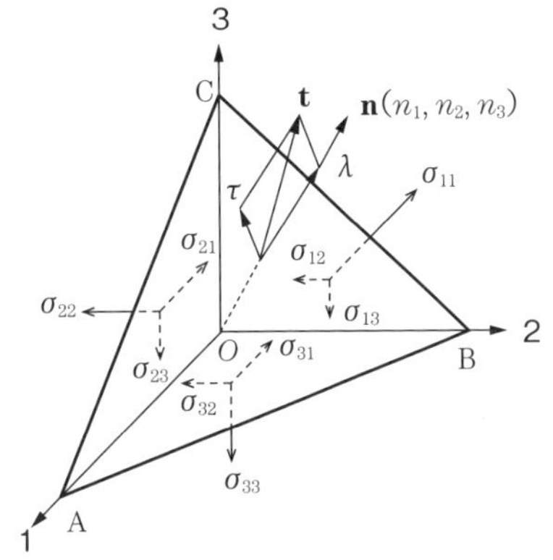

図 1.5 四面体のつり合い

$$
\begin{bmatrix}\sigma_{11} & \sigma_{21} & \sigma_{31}\\ \sigma_{12} & \sigma_{22} & \sigma_{32}\\ \sigma_{13} & \sigma_{23} & \sigma_{33}\end{bmatrix}\begin{Bmatrix}n_1\\ n_2\\ n_3\end{Bmatrix}=\begin{bmatrix}\sigma_{11} & \sigma_{12} & \sigma_{13}\\ \sigma_{21} & \sigma_{22} & \sigma_{23}\\ \sigma_{31} & \sigma_{32} & \sigma_{33}\end{bmatrix}\begin{Bmatrix}n_1\\ n_2\\ n_3\end{Bmatrix}=\begin{Bmatrix}t_1\\ t_2\\ t_3\end{Bmatrix} \tag{1.13}
$$

式(1.12)左辺の$[\sigma]^{\mathrm{T}}$の上の添字Tは転置（transpose）といい、行と列を入れ替える操作を意味する。今はつり合い状態にある応力を想定しているので、$[\sigma]^{\mathrm{T}}$も$[\sigma]$も同じ成分を持つテンソルとなる。式(1.12)はコーシー（Cauchy）の公式といわれる。

次に$\mathbf{t}$を面法線方向の成分λと面内の成分τに分解したとき、λを垂直応力、τをせん断応力という。ここで、$\mathbf{t}$のせん断成分τがゼロとなる面を考えると、この面での応力は面に垂直なλのみとなり、単位テンソル$\mathbf{I}$を用いてそのときの$\mathbf{t}$の成分は

$$
\begin{Bmatrix}t_1\\ t_2\\ t_3\end{Bmatrix}=\begin{Bmatrix}\lambda n_1\\ \lambda n_2\\ \lambda n_3\end{Bmatrix}=\lambda\begin{bmatrix}1 & 0 & 0\\ 0 & 1 & 0\\ 0 & 0 & 1\end{bmatrix}\begin{Bmatrix}n_1\\ n_2\\ n_3\end{Bmatrix}=\lambda[I]\{n\} \tag{1.14}
$$

と表せる。式(1.12)と組み合わせると

$$
([\sigma]-\lambda[I])\{n\}=0 \tag{1.15}
$$

となる。$\{n\}\neq 0$の解を持つためには、$[\sigma]-\lambda[I]$の行列式がゼロでなければならないので、次式が必要条件となる。

$$
|[\sigma]-\lambda[I]|=\begin{vmatrix}\sigma_{11}-\lambda & \sigma_{12} & \sigma_{13}\\ \sigma_{21} & \sigma_{22}-\lambda & \sigma_{23}\\ \sigma_{31} & \sigma_{32} & \sigma_{33}-\lambda\end{vmatrix}=0 \tag{1.16}
$$

この行列式(1.16)から、次の3次方程式が得られる。この解が主応力（principal stress）である。

$$
\lambda^3-I_1\lambda^2-I_2\lambda-I_3=0 \tag{1.17}
$$

上式における、I_jを不変量（invariant）といい、次式となる。

$$
\left.\begin{aligned}
&I_1=\mathrm{tr}[\sigma]=\sigma_{11}+\sigma_{22}+\sigma_{33}\\
&I_2=-(\sigma_{22}\sigma_{33}+\sigma_{33}\sigma_{11}+\sigma_{11}\sigma_{22})+\sigma_{23}\sigma_{32}+\sigma_{31}\sigma_{13}+\sigma_{12}\sigma_{21}\\
&I_3=\det[\sigma]
\end{aligned}\right\} \tag{1.18}
$$

式(1.18)の第1式での tr（trace：跡）はテンソルの対角項の和を表す数学記号であり、第3式の det は行列式(determinant)を表す。

式(1.17)の3次方程式を解いた解が主応力であるので、一般に λ_1、λ_2、λ_3 の3つの実根が存在し、方向余弦 **n** も3方向存在する。ここで変数 λ_i を応力変数の表記に書き換えて大きい順に、σ_1、σ_2、σ_3 としたとき、σ_1 を最大主応力、σ_2 を中間主応力、σ_3 を最小主応力といい、それぞれに対応する方向余弦を主応力ベクトルという。すなわち、応力テンソルの固有値が主応力であり、固有ベクトルが主応力ベクトルに他ならない。一般に、σ_1 は正の大きい値となるので、材料の引張場を確認できる。逆に、σ_3 は負の大きい値となるので、材料の圧縮状態を確認できる。それぞれに対応する主応力ベクトルによって、引張方向や圧縮方向を確認できる。

1.2.3　平均垂直応力、偏差応力テンソル、相当応力

平均垂直応力（mean normal stress）σ_m は、文字通り応力テンソルの垂直成分の平均であり、次式で定義される。

$$\sigma_m = \frac{1}{3}(\sigma_{11} + \sigma_{22} + \sigma_{33}) = \frac{I_1}{3} \tag{1.19}$$

式(1.11)で示す応力テンソルの垂直成分から、式(1.19)の平均垂直応力を減じたテンソル $[s]$ を、偏差応力テンソル（deviatoric stress tensor）といい、式(1.20)となる。偏差応力テンソルは静水圧に依存しない応力テンソルであり、金属材料の降伏関数を定義するときに用いられる。

$$[s] = \begin{bmatrix} \sigma_{11} - \sigma_m & \sigma_{12} & \sigma_{13} \\ \sigma_{21} & \sigma_{22} - \sigma_m & \sigma_{23} \\ \sigma_{31} & \sigma_{32} & \sigma_{33} - \sigma_m \end{bmatrix} = \begin{bmatrix} s_{11} & s_{12} & s_{13} \\ s_{21} & s_{22} & s_{23} \\ s_{31} & s_{32} & s_{33} \end{bmatrix} \tag{1.20}$$

次に、元の応力テンソルと、偏差応力テンソルを次のように変数を変えて表記する。

$$[\sigma]=\begin{bmatrix}\sigma_x & \tau_{xy} & \tau_{xz}\\ & \sigma_y & \tau_{yz}\\ \text{sym.} & & \sigma_z\end{bmatrix},\qquad [s]=\begin{bmatrix}s_x & \tau_{xy} & \tau_{xz}\\ & s_y & \tau_{yz}\\ \text{sym.} & & s_z\end{bmatrix} \tag{1.21}$$

このとき、偏差応力テンソルに対する不変量J_1、J_2、J_3は次式となり、第1不変量は常にゼロとなる特徴を持つ。

$$J_1=\mathrm{tr}[s]=(s_x+s_y+s_z)=0 \tag{1.22}$$

$$\left.\begin{aligned}J_2&=\frac{1}{2}\mathrm{tr}([s][s])=\frac{1}{2}s_{ij}s_{ij}\\ &=\frac{1}{2}({s_x}^2+{s_y}^2+{s_z}^2)+{\tau_{xy}}^2+{\tau_{yz}}^2+{\tau_{zx}}^2\\ &=\frac{1}{6}[(\sigma_y-\sigma_z)^2+(\sigma_z-\sigma_x)^2+(\sigma_x-\sigma_y)^2]+{\tau_{yz}}^2+{\tau_{zx}}^2+{\tau_{xy}}^2\\ &=\frac{1}{6}[(\sigma_1-\sigma_2)^2+(\sigma_2-\sigma_3)^2+(\sigma_3-\sigma_1)^2]\end{aligned}\right\} \tag{1.23}$$

$$J_3=\det[s]=\frac{1}{3}([s][s]):[s]=s_1\cdot s_2\cdot s_3 \tag{1.24}$$

式(1.24)のコロン：はテンソルの内積であり、s_1、s_2、s_3は偏差応力テンソルの主値である。この偏差応力テンソルに対する第2不変量J_2から、次式のミーゼス応力（Mises intensity stress）が定義される。一般に、上付きバーの$\bar{\sigma}$で表記される。

$$\bar{\sigma}=\sqrt{3J_2} \tag{1.25}$$

このMises応力は相当応力（equivalent stress）とも呼ばれ、多軸場のテンソル成分で与えられる応力を単軸状態のスカラー値へ変換する一つの手段と考えてよい。

第3章で説明する土や岩盤などの材料内部の摩擦角を持つ土質材料では、不変量を使った状態量として、以下で表記される変数がよく使用される。

$$p=-\frac{1}{3}I_1=-\sigma_m \tag{1.26}$$

$$q = \sqrt{3J_2} = \bar{\sigma} \tag{1.27}$$

$$r = 3\left(\frac{1}{2}J_3\right)^{1/3} \tag{1.28}$$

p は図 1.3 での圧力（静水圧）を表し平均垂直応力の逆符号であり、q は相当応力と変わらない。r は第 3 不変量から得られる状態量であり、次式で示す偏差応力平面上の Lode 角（偏差立体角）の計算に使われる。

$$\cos(3\theta) = \left(\frac{r}{q}\right)^3 = \frac{J_3}{2}\left(\frac{3}{J_2}\right)^{3/2} \tag{1.29}$$

ちなみに、テンソルという概念について補足説明すると、応力テンソルなど単にテンソルと表記している場合は 2 階のテンソル（second order tensor）を指します。これは式(1.12)で示すように 2 つのベクトル（1 つの方向と大きさを持つ器）の関連を示しているので、2 つの方向と 1 つの大きさを持つ器と解釈することもできます。その 2 階の応力テンソルの階級（order）を 1 つ落とした器が主応力ベクトルであり、1 つの方向と 1 つの大きさを持つベクトルは 1 階のテンソルともいわれます。さらに階級を 1 つ落とせば 0 階のテンソルとなり、式(1.25)の相当応力となります。これはスカラー値であり、大きさのみを表現することになります。

1.2.4　ひずみテンソル

図 1.6 に示す、物体中の x–y 平面上にある微小な長方形 ABCD が、なんらかの荷重によって A′B′C′D′ と変形した状態を想定する。AA′ のような、変形前の点から変形後の点までのベクトルを変位（displacement）といい、その x 方向成分を u、y 方向成分を v とする。変形が微小な場合、点 A の x 方向の垂直ひずみ ε_x と y 方向の垂直ひずみ ε_y はそれぞれ次のように表される。

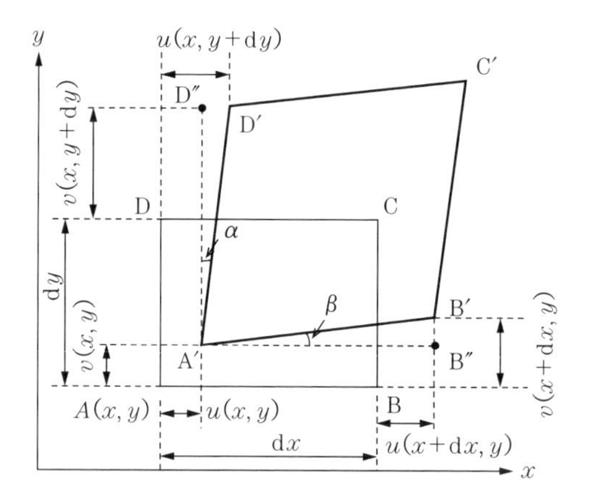

図 1.6　2 次元平面での変形状態

$$\varepsilon_x = \frac{\mathrm{A'B'} - \mathrm{AB}}{\mathrm{AB}} \cong \frac{u(x+dx, y) - u(x, y)}{\mathrm{d}x} = \frac{\partial u}{\partial x} \tag{1.30}$$

$$\varepsilon_y = \frac{\mathrm{A'D'} - \mathrm{AD}}{\mathrm{AD}} \cong \frac{v(x, y+\mathrm{d}y) - v(x, y)}{\mathrm{d}y} = \frac{\partial v}{\partial y} \tag{1.31}$$

また、面内のせん断ひずみ γ_{xy} は

$$\gamma_{xy} = \alpha + \beta \cong \frac{u(x, y+\mathrm{d}y) - u(x, y)}{\mathrm{A'D''}} + \frac{v(x+\mathrm{d}x, y) - v(x, y)}{\mathrm{A'B''}}$$

$$\cong \frac{(\partial u/\partial y)\mathrm{A'D''}}{\mathrm{A'D''}} + \frac{(\partial v/\partial x)\mathrm{A'B''}}{\mathrm{A'B''}} = \frac{\partial u}{\partial y} + \frac{\partial v}{\partial x} \tag{1.32}$$

となる。これをひずみ—変位関係式（strain–displacement relations）という。

3 次元の変形の場合も 2 次元変形と同様に考え、ひずみ—変位関係式を得ることができる。変形が微小な場合、x、y、z 方向の変位をそれぞれ u、v、w とすれば、ひずみは次式となる。

$$\varepsilon_x = \frac{\partial u}{\partial x}, \qquad \varepsilon_y = \frac{\partial v}{\partial y}, \qquad \varepsilon_z = \frac{\partial w}{\partial z}$$

$$\gamma_{xy} = \frac{\partial u}{\partial y} + \frac{\partial v}{\partial x}, \qquad \gamma_{yz} = \frac{\partial v}{\partial z} + \frac{\partial w}{\partial y}, \qquad \gamma_{zx} = \frac{\partial w}{\partial x} + \frac{\partial u}{\partial z}$$

これは工学ひずみ（engineering strain）といわれる。これに対して

$$\varepsilon_{11}=\varepsilon_x,\qquad \varepsilon_{22}=\varepsilon_y,\qquad \varepsilon_{33}=\varepsilon_z$$

$$\varepsilon_{12}=\varepsilon_{21}=\gamma_{xy}/2,\qquad \varepsilon_{23}=\varepsilon_{32}=\gamma_{yz}/2,\qquad \varepsilon_{31}=\varepsilon_{13}=\gamma_{zx}/2$$

$$\varepsilon_{ij}=\begin{bmatrix}\varepsilon_{11} & \varepsilon_{12} & \varepsilon_{13}\\ \varepsilon_{21} & \varepsilon_{22} & \varepsilon_{23}\\ \varepsilon_{31} & \varepsilon_{32} & \varepsilon_{33}\end{bmatrix}=\begin{bmatrix}\varepsilon_x & \gamma_{xy}/2 & \gamma_{zx}/2\\ \gamma_{xy}/2 & \varepsilon_y & \gamma_{yz}/2\\ \gamma_{zx}/2 & \gamma_{yz}/2 & \varepsilon_z\end{bmatrix} \tag{1.33}$$

で定義される ε_{ij} をひずみテンソル（strain tensor）という。変位で記述すれば

$$\varepsilon_{ij}=\frac{1}{2}\left(\frac{\partial u_i}{\partial x_j}+\frac{\partial u_j}{\partial x_i}\right) \tag{1.34}$$

となる。

1.2.5 弾性応力—ひずみ構成則

単軸状態の時に、応力とひずみがヤング率で関係づけられたのと同様に、等方性線形弾性体の場合、3次元場の応力テンソルとひずみテンソルは、それぞれをベクトルで表記すれば、次式で関連づけられる。これを応力—ひずみ構成則という。

$$\begin{Bmatrix}\sigma_{xx}\\ \sigma_{yy}\\ \sigma_{zz}\\ \sigma_{xy}\\ \sigma_{yz}\\ \sigma_{zx}\end{Bmatrix}=\frac{E}{(1+\nu)}\begin{bmatrix}\dfrac{1-\nu}{1-2\nu} & \dfrac{\nu}{1-2\nu} & \dfrac{\nu}{1-2\nu} & 0 & 0 & 0\\ \dfrac{\nu}{1-2\nu} & \dfrac{1-\nu}{1-2\nu} & \dfrac{\nu}{1-2\nu} & 0 & 0 & 0\\ \dfrac{\nu}{1-2\nu} & \dfrac{\nu}{1-2\nu} & \dfrac{1-\nu}{1-2\nu} & 0 & 0 & 0\\ 0 & 0 & 0 & 1 & 0 & 0\\ 0 & 0 & 0 & 0 & 1 & 0\\ 0 & 0 & 0 & 0 & 0 & 1\end{bmatrix}\begin{Bmatrix}\varepsilon_{xx}\\ \varepsilon_{yy}\\ \varepsilon_{zz}\\ \varepsilon_{xy}\\ \varepsilon_{yz}\\ \varepsilon_{zx}\end{Bmatrix}$$

テンソル表記では

$$\sigma_{ij}=D_{ijkl}\,\varepsilon_{kl} \tag{1.35}$$

となり、D_{ijkl} は応力テンソルとひずみテンソルを関連付ける 4 階のテンソルとなる。

1.3 有限変形理論

前節では、変形前後の面積や長さの変化が小さいという前提で微小ひずみ理論での応力やひずみについて述べたが、大きな変形や回転を伴う場合には有限変形理論（大変形理論）の適用が必要であり、変形前後の取り扱いによって応力やひずみの尺度が異なる。本節では、有限変形理論の最低限必要な項目について説明する。詳細については他の文献[1][2][3]をあたられたい。

1.3.1 変形の記述

ある構造物（材料）が変形を受けて、**図 1.7** に示す変形前後の関係であるとする。ある基準時刻 t_0 での変形前の形状が左側であり、変形後の現時刻 t での形状を右側とする。ここで、変形前の物質内のある点を指し示す位置ベクトルを大文字の $\mathbf{X}$ とし、変形後の物質点の位置ベクトルを小文字の $\mathbf{x}$ とする。このように有限変形理論では、ある物理量を表すとき大文字は変形前、小文字は変形後を表すのが慣例である。固体力学での変形状態を考えているので、材料内の物質点は変形前後で消滅しないし、材料の枠を超えて変形することはない。変形前後のベクトルから、変位ベクトルは

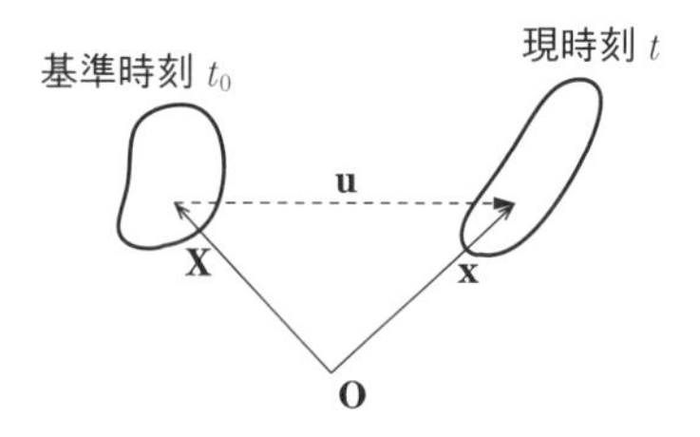

図 1.7　変形前後の位置ベクトル

$$\mathbf{u} = \mathbf{x} - \mathbf{X} \tag{1.36}$$

と定義される。

これらの変形前後の関係を、次の二通りで表すことができる。

$$\mathbf{x}=\chi(\mathbf{X},t) \tag{1.37}$$

$$\mathbf{X}=\chi^{-1}(\mathbf{x},t) \tag{1.38}$$

ここで、χ は配置の関数である。式(1.37)は、変形前の位置ベクトルから変形後の位置ベクトルを導出する操作であり、物質表示（material description）あるいはラグランジュ表示（Lagrange description）といわれる。逆に式(1.38)は変形後から変形前を導出する操作であり、空間表示（spatial description）あるいはオイラー表示（Euler description）といわれる。固体力学の場合、変形前の形状がわかっていて（既知状態)、なんらかの負荷を受けた後の変形後の状態（未知状態）を求めるので、物質表示が一般的に用いられる。

1.3.2 変形勾配テンソル

(a) 変形勾配テンソル

図 1.8 に示す材料内の物質点近傍における変形前の微小線素 d$\mathbf{X}$ を考える。物質点が変形によって消滅しないのと同様に、微小線素も消滅しないものとする。変形後の微小線素を d$\mathbf{x}$ とすると、変形前の位置ベクトルから

$$\mathrm{d}\mathbf{x}=\chi(\mathbf{X}+\mathrm{d}\mathbf{X},t)-\chi(\mathbf{X},t) \tag{1.39}$$

となる。ここで、変形前後の微小線素を関係づける 2 階のテンソルを変形勾配テンソル（deformation gradient tensor）といい、次式で定義される。

$$\mathrm{d}\mathbf{x}=\mathbf{F}\cdot\mathrm{d}\mathbf{X} \quad または \quad \mathrm{d}x_i=F_{iJ}\mathrm{d}X_J \tag{1.40}$$

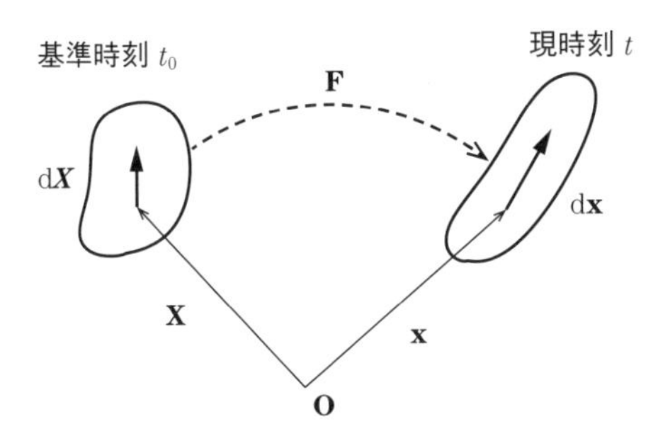

図 1.8 変形勾配テンソル

式(1.40)を成分表示すれば

$$\begin{Bmatrix} \mathrm{d}x_1 \\ \mathrm{d}x_2 \\ \mathrm{d}x_3 \end{Bmatrix} = \begin{bmatrix} F_{11} & F_{12} & F_{13} \\ F_{21} & F_{22} & F_{23} \\ F_{31} & F_{32} & F_{33} \end{bmatrix} \begin{Bmatrix} \mathrm{d}X_1 \\ \mathrm{d}X_2 \\ \mathrm{d}X_3 \end{Bmatrix} \tag{1.41}$$

である。ここで、変形勾配テンソルは、変形前後の微小線素の勾配であるので

$$\mathbf{F} = \frac{\partial \mathbf{x}}{\partial \mathbf{X}} \quad \text{または} \quad F_{iJ} = \frac{\partial x_i}{\partial X_J} \tag{1.42}$$

とも表せる。この変形勾配テンソルは、線形変換であり、ある物質点近傍の微小線素の相対的な変形を表す。また、変形勾配テンソルは変形状態に依るので、非対称テンソル（antisymmetric tensor）となる。

変形勾配テンソルのように、変形前後の物理量（この場合は、連続体内の微小線素）を関連づけるテンソルのことをツー・ポイント・テンソル（two point tensor）という。

(b) 変形勾配テンソルの右極分解

変形勾配テンソルが特異でないとき、一般に $\mathbf{F}$ は直交テンソル $\mathbf{R}$ と正定値対称テンソル $\mathbf{U}$ との積

$$\mathbf{F} = \mathbf{R} \cdot \mathbf{U} \tag{1.43}$$

に分解できる。式(1.43)を変形勾配テンソルの右極分解（right polar decomposition）といい、$\mathbf{U}$ は右ストレッチテンソル（right stretch tensor）、$\mathbf{R}$ は剛体回転テンソル（rotation tensor）である。

式(1.43)は次のように示される。まず、変形勾配テンソルから

$$\mathbf{C} \equiv \mathbf{F}^{\mathrm{T}} \cdot \mathbf{F} \tag{1.44}$$

を定義する。ここで、$\mathbf{C}$ は右コーシー・グリーン変形テンソル（right Cauchy–Green deformation tensor）といい、正定値対称テンソルである。したがって正定値対称テンソル $\mathbf{C}^{\frac{1}{2}}$、$\mathbf{C}^{-\frac{1}{2}}$ $(\mathbf{C} = \mathbf{C}^{\frac{1}{2}} \cdot \mathbf{C}^{\frac{1}{2}}$、$\mathbf{C}^{-1} = \mathbf{C}^{-\frac{1}{2}} \cdot \mathbf{C}^{-\frac{1}{2}})$ が存在する。ここで、

$$\mathbf{U} \equiv \mathbf{C}^{\frac{1}{2}}, \qquad \mathbf{R} \equiv \mathbf{F} \cdot \mathbf{U}^{-1} \tag{1.45}$$

と定義すると、

$$\mathbf{R} \cdot \mathbf{R}^{\mathrm{T}} = (\mathbf{F} \cdot \mathbf{U}^{-1}) \cdot (\mathbf{F} \cdot \mathbf{U}^{-1})^{\mathrm{T}} = \mathbf{F} \cdot \mathbf{C}^{-1} \cdot \mathbf{F}^{\mathrm{T}} = \mathbf{I} \tag{1.46}$$

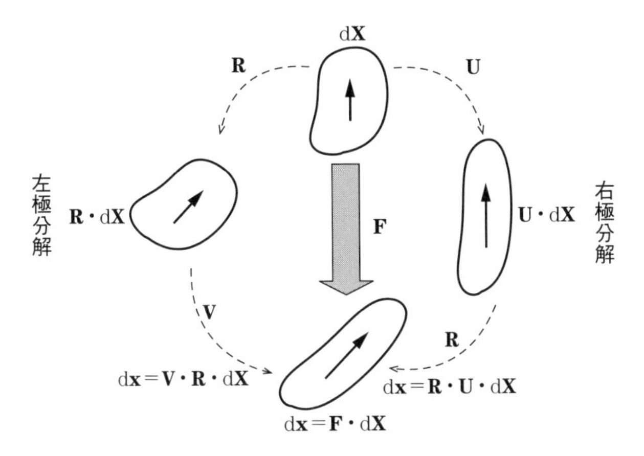

図 1.9 極分解の模式図

となるので、$\mathbf{R}$ が直交テンソルであり式(1.43)が成り立つことがわかる。

図 1.9 の右側に右極分解の模式図を示す。変形前の微小線素 d$\mathbf{X}$ が、まず伸びのテンソル $\mathbf{U}$ によって方向は変えずに伸長された後、剛体回転のテンソル $\mathbf{R}$ により回転した線素が d$\mathbf{x}$ となる。影響を与える操作の順番に注意すれば、

$$d\mathbf{x} = \mathbf{R} \cdot \mathbf{U} \cdot d\mathbf{X} \tag{1.47}$$

となり、式(1.43)で変形勾配テンソルが表されることがわかる。また、

$$\mathbf{C} = \mathbf{F}^{\mathrm{T}} \cdot \mathbf{F} = (\mathbf{R} \cdot \mathbf{U})^{\mathrm{T}} \cdot (\mathbf{R} \cdot \mathbf{U}) = \mathbf{U}^{\mathrm{T}} \cdot \mathbf{R}^{\mathrm{T}} \cdot \mathbf{R} \cdot \mathbf{U} = \mathbf{U}^2 \tag{1.48}$$

あるいは

$$d\mathbf{x}^2 = (\mathbf{F} \cdot d\mathbf{X})^{\mathrm{T}} (\mathbf{F} \cdot d\mathbf{X}) = d\mathbf{X}^{\mathrm{T}} \cdot \mathbf{F}^{\mathrm{T}} \cdot \mathbf{F} \cdot d\mathbf{X} = d\mathbf{X}^{\mathrm{T}} \cdot \mathbf{C} \cdot d\mathbf{X} \tag{1.49}$$

の関係から、$\mathbf{C}$ の物理的な意味は、変形に伴う微小線素の伸長比の 2 乗であることがわかる。

(c) 変形勾配テンソルの左極分解

右極分解と同様に、一般に $\mathbf{F}$ は直交テンソル $\mathbf{R}$ と正定値対称テンソル $\mathbf{V}$ との積

$$\mathbf{F} = \mathbf{V} \cdot \mathbf{R} \tag{1.50}$$

に分解できる。式(1.50)を変形勾配テンソルの左極分解 (left polar decomposition) といい、$\mathbf{V}$ を左ストレッチテンソル (left stretch tensor) という。この式を

表すために

$$\mathbf{b} \equiv \mathbf{F} \cdot \mathbf{F}^{\mathrm{T}} \tag{1.51}$$

が定義される。ここで、$\mathbf{b}$ を左コーシー・グリーン変形テンソル（left Cauchy–Green deformation tensor）またはフィンガー変形テンソル（Finger deformation tensor）という。また、$\mathbf{b}$ と $\mathbf{C}$ の間には

$$\mathbf{b} \equiv \mathbf{F} \cdot \mathbf{F}^{\mathrm{T}} = (\mathbf{R} \cdot \mathbf{U}) \cdot (\mathbf{R} \cdot \mathbf{U})^{\mathrm{T}} = \mathbf{R} \cdot \mathbf{U}^2 \cdot \mathbf{R}^{\mathrm{T}} = \mathbf{R} \cdot \mathbf{C} \cdot \mathbf{R}^{\mathrm{T}} \tag{1.52}$$

の関係が成り立つ。

図 1.9 の左側に左極分解の模式図を示す。変形前の微小線素 $\mathrm{d}\mathbf{X}$ が、まず剛体回転のテンソル $\mathbf{R}$ によって剛体回転された後、伸びのテンソル $\mathbf{V}$ によって伸長された線素が $\mathrm{d}\mathbf{x}$ となる。影響を与える操作の順番に注意すれば、

$$\mathrm{d}\mathbf{x} = \mathbf{V} \cdot \mathbf{R} \cdot \mathrm{d}\mathbf{X} \tag{1.53}$$

となり、式(1.50)で変形勾配テンソルが表されることがわかる。

なお、$\mathbf{V}$ の主軸は $\mathbf{U}$ の主軸を $\mathbf{R}$ だけ剛体回転させたものに一致するので、$\mathbf{V}$ と $\mathbf{U}$ は異なる。つまり $\mathbf{V}$ は回転後の主軸での伸びを示すので、回転の影響を受けていることに注意しよう。

1.3.3 有限変形理論での各種ひずみ

(a) Green–Lagrange ひずみテンソル

伸びを変形前の長さで割るのが、微小ひずみテンソルの基本的な考え方であるが、長さの 2 乗の変化に着目して次の定義を考える。

$$\text{新しいひずみテンソル} \equiv \frac{1}{2}\,\frac{\text{長さの 2 乗の差}}{\text{変形前の長さの 2 乗}}$$

変形前の長さを $\mathrm{d}\mathbf{X}$、変形後の長さを $\mathrm{d}\mathbf{x}$ として、変形勾配テンソルを用いれば

$$\mathbf{E} = \frac{1}{2}\,\frac{\mathrm{d}\mathbf{x}^2 - \mathrm{d}\mathbf{X}^2}{\mathrm{d}\mathbf{X}^2}$$

$$= \frac{1}{2}\,\frac{(\mathbf{F} \cdot \mathrm{d}\mathbf{X})^{\mathrm{T}} \cdot (\mathbf{F} \cdot \mathrm{d}\mathbf{X}) - \mathrm{d}\mathbf{X}^2}{\mathrm{d}\mathbf{X}^2} = \frac{1}{2}\,\frac{\mathrm{d}\mathbf{X}^{\mathrm{T}} \cdot \mathbf{F}^{\mathrm{T}} \cdot \mathbf{F} \cdot \mathrm{d}\mathbf{X} - \mathrm{d}\mathbf{X}^2}{\mathrm{d}\mathbf{X}^2}$$

$$=\frac{1}{2}\frac{\mathrm{d}\mathbf{X}^{\mathrm{T}}\cdot\mathbf{C}\cdot\mathrm{d}\mathbf{X}-\mathrm{d}\mathbf{X}^{\mathrm{T}}\cdot\mathbf{I}\cdot\mathrm{d}\mathbf{X}}{\mathrm{d}\mathbf{X}^2}=\frac{1}{2}\frac{\mathrm{d}\mathbf{X}^{\mathrm{T}}\cdot(\mathbf{C}-\mathbf{I})\cdot\mathrm{d}\mathbf{X}}{\mathrm{d}\mathbf{X}^{\mathrm{T}}\cdot\mathrm{d}\mathbf{X}}$$

$$=\frac{1}{2}(\mathbf{C}-\mathbf{I}) \tag{1.54}$$

となる。ここで、$\mathbf{I}$ は2階の単位テンソルであり、$\mathbf{C}$ は式(1.44)の右 Cauchy-Green 変形テンソルである。この定義されたひずみ $\mathbf{E}$ をグリーン・ラグランジュひずみテンソル（Green-Lagrange strain tensor）あるいは省略してグリーンひずみテンソルまたはラグランジュひずみテンソルという。添字を用いて、変位の微分で表せば

$$E_{IJ}\equiv\frac{1}{2}\left(\delta_{km}\frac{\partial x_k}{\partial X_I}\frac{\partial x_m}{\partial X_J}-\delta_{IJ}\right)$$

$$=\frac{1}{2}\left[\delta_{km}\left(\frac{\partial u_k}{\partial X_I}+\delta_{kI}\right)\left(\frac{\partial u_m}{\partial X_J}+\delta_{mJ}\right)-\delta_{IJ}\right]$$

$$=\frac{1}{2}\left[\delta_{km}\left(\frac{\partial u_k}{\partial X_I}\frac{\partial u_m}{\partial X_J}+\delta_{kI}\frac{\partial u_m}{\partial X_J}+\frac{\partial u_k}{\partial X_I}\delta_{mJ}+\delta_{kI}\delta_{mJ}\right)-\delta_{IJ}\right]$$

$$=\frac{1}{2}\left(\frac{\partial u_k}{\partial X_I}\frac{\partial u_k}{\partial X_J}+\delta_{mI}\frac{\partial u_m}{\partial X_J}+\frac{\partial u_k}{\partial X_I}\delta_{kJ}+\delta_{kI}\delta_{kJ}-\delta_{IJ}\right)$$

$$=\frac{1}{2}\left(\frac{\partial u_k}{\partial X_I}\frac{\partial u_k}{\partial X_J}+\frac{\partial u_I}{\partial X_J}+\frac{\partial u_J}{\partial X_I}+\delta_{IJ}-\delta_{IJ}\right)$$

$$=\frac{1}{2}\left(\frac{\partial u_I}{\partial X_J}+\frac{\partial u_J}{\partial X_I}+\frac{\partial u_K}{\partial X_I}\frac{\partial u_K}{\partial X_J}\right) \tag{1.55}$$

となる。

Green-Lagrange ひずみテンソル $\mathbf{E}$ は、右 Cauchy-Green 変形テンソル $\mathbf{C}$ で記述されるので、正定値対称テンソルであり、式(1.48)の関係から、回転の影響を受けないひずみテンソルである。さらに、変形前の座標に基づいていることから、固体力学の変分原理を記述するのに適している。

(b) Euler-Almansi ひずみテンソル

Green-Lagrange ひずみテンソルでは、長さの2乗の差を変形前の長さの2乗

で除したが、変形後の長さの2乗で除するひずみを考える。

$$
\text{新しいひずみテンソル} \equiv \frac{1}{2}\frac{\text{長さの2乗の差}}{\text{変形後の長さの2乗}}
$$

変形勾配テンソルの逆変換を用いれば、

$$
\begin{aligned}
\mathbf{e} &= \frac{1}{2}\frac{\mathrm{d}\mathbf{x}^2 - \mathrm{d}\mathbf{X}^2}{\mathrm{d}\mathbf{x}^2} \\
&= \frac{1}{2}\frac{\mathrm{d}\mathbf{x}^2 - (\mathbf{F}^{-1}\cdot\mathrm{d}\mathbf{x})^{\mathrm{T}}\cdot(\mathbf{F}^{-1}\cdot\mathrm{d}\mathbf{x})}{\mathrm{d}\mathbf{x}^2} = \frac{1}{2}\frac{\mathrm{d}\mathbf{x}^2 - \mathrm{d}\mathbf{x}^{\mathrm{T}}\cdot\mathbf{F}^{-\mathrm{T}}\cdot\mathbf{F}^{-1}\cdot\mathrm{d}\mathbf{x}}{\mathrm{d}\mathbf{x}^2} \\
&= \frac{1}{2}\frac{\mathrm{d}\mathbf{x}^2 - \mathrm{d}\mathbf{x}^{\mathrm{T}}\cdot(\mathbf{F}\cdot\mathbf{F}^{\mathrm{T}})^{-1}\cdot\mathrm{d}\mathbf{x}}{\mathrm{d}\mathbf{x}^2} = \frac{1}{2}\frac{\mathrm{d}\mathbf{x}^{\mathrm{T}}\cdot\mathbf{I}\cdot\mathrm{d}\mathbf{x} - \mathrm{d}\mathbf{x}^{\mathrm{T}}\cdot\mathbf{b}^{-1}\cdot\mathrm{d}\mathbf{x}}{\mathrm{d}\mathbf{x}^2} \\
&= \frac{1}{2}\frac{\mathrm{d}\mathbf{x}^{\mathrm{T}}\cdot(\mathbf{I} - \mathbf{b}^{-1})\cdot\mathrm{d}\mathbf{x}}{\mathrm{d}\mathbf{x}^{\mathrm{T}}\cdot\mathrm{d}\mathbf{x}} = \frac{1}{2}(\mathbf{I} - \mathbf{b}^{-1})
\end{aligned} \tag{1.56}
$$

となる。$\mathbf{b}$ は式(1.51)の左 Cauchy–Green 変形テンソルである。この定義されたひずみ $\mathbf{e}$ をオイラー・アルマンジひずみテンソル（Euler–Almansi strain tensor）という。添字を用いて、変位の微分で表せば

$$
e_{ij} = \frac{1}{2}\left(\frac{\partial u_i}{\partial x_j} + \frac{\partial u_j}{\partial x_i} - \frac{\partial u_k}{\partial x_i}\frac{\partial u_k}{\partial x_j}\right) \tag{1.57}
$$

となる。

Euler–Almansi ひずみテンソル $\mathbf{e}$ は、左 Cauchy–Green 変形テンソル $\mathbf{b}$ で記述されるので、正定値対称テンソルであり、空間表記によるひずみテンソルである。

なお、Green–Lagrange ひずみテンソルと Euler–Almansi ひずみテンソルの間には

$$
\begin{aligned}
\mathbf{E} &= \frac{1}{2}(\mathbf{F}^{\mathrm{T}}\mathbf{F} - \mathbf{I}) = \mathbf{F}^{\mathrm{T}}\left[\frac{1}{2}\mathbf{F}^{-\mathrm{T}}(\mathbf{F}^{\mathrm{T}}\mathbf{F} - \mathbf{I})\mathbf{F}^{-1}\right]\mathbf{F} \\
&= \mathbf{F}^{\mathrm{T}}\left[\frac{1}{2}(\mathbf{I} - \mathbf{F}^{-\mathrm{T}}\mathbf{F}^{-1})\right]\mathbf{F} = \mathbf{F}^{\mathrm{T}}\mathbf{e}\mathbf{F}
\end{aligned} \tag{1.58}
$$

の関係がある。このように変形後の座標系を参照する何らかの物理量を変形前

の座標系を参照する同じ種類の物理量に変換する操作をpull backの操作（operation）という。

(c) 微小ひずみテンソル

式(1.55)の Green–Lagrange ひずみテンソルと式(1.57)の Euler–Almansi ひずみテンソルの第3項は変位の微分の2乗になっている。ここで、変位量が微小であると仮定すれば、変位の微分係数の2乗はさらに小さくなり、1次の項に比較して無視できる。さらに、変形前（X_I）と変形後（x_i）による微分の差もないと考えることができる。この仮定において

$$\varepsilon_{IJ}=\frac{1}{2}\left(\frac{\partial u_I}{\partial X_J}+\frac{\partial u_J}{\partial X_I}\right)\cong E_{IJ}\cong e_{ij} \tag{1.59}$$

で定義される ε_{IJ} が微小ひずみテンソル（infinitesimal strain tensor）である。さらに、回転がほとんどない（$\mathbf{R}\fallingdotseq\mathbf{I}$）と仮定して、ストレッチテンソル $\mathbf{U}$ を変位ベクトル $\mathbf{u}$ を使って

$$\mathbf{U}=\frac{\partial(\mathbf{X}+\mathbf{u})}{\partial\mathbf{X}}=\mathbf{I}+\frac{\partial\mathbf{u}}{\partial\mathbf{X}} \tag{1.60}$$

と表記すれば、式(1.59)に代入して

$$\boldsymbol{\varepsilon}=\mathbf{U}-\mathbf{I} \tag{1.61}$$

の関係式が得られる。微小ひずみテンソルは、ビオのひずみテンソル（Biot strain tensor）ともいわれる。

式(1.59)は変位量が微小であれば、どのひずみテンソルもほとんど同じであることを示している。また、単軸状態で初期長さ L、伸び u のときの微小ひずみは $\varepsilon=\dfrac{u}{L}=\dfrac{L+u}{L}-1=\lambda-1$ で表されるので、式(1.61)と同じになる。λ は伸長比を表す。

(d) 対数ひずみ

非線形解析は増分理論により解析が行われるので、ひずみの加算性が成り立つと便利である。そのため、一般的に対数ひずみテンソル（logarithmic strain tensor）が用いられる。ここでは、単軸状態における微小ひずみと対数ひずみ

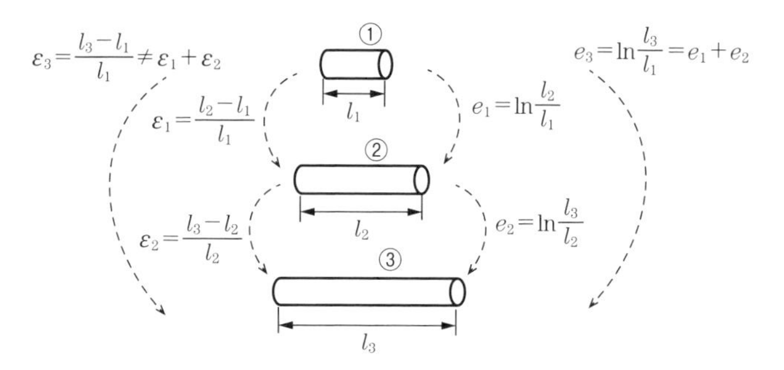

図 1.10　ひずみの加算性

について考える。

図 1.10 に示す単軸状態の棒が順に伸びたとき、微小ひずみを ε とすると、各状態からのひずみの定義は、

①から②　$\varepsilon_1=\frac{l_2-l_1}{l_1}$

②から③　$\varepsilon_2=\frac{l_3-l_2}{l_2}$

となる。ここで、①から③の場合は

①から③　$\varepsilon_3=\frac{l_3-l_1}{l_1}\neq\varepsilon_1+\varepsilon_2$

となり、加算性が成り立たない。次に、微小ひずみを積分した対数ひずみ e を考える。

$$e\equiv\int_{l_0}^{l}\frac{\mathrm{d}l}{l}=\ln\left(\frac{l}{l_0}\right)=\ln\left(\frac{l_0+u}{l_0}\right)=\ln(1+\varepsilon) \tag{1.62}$$

ここで、l_0 は元の長さ、l は変形後の長さ、u は伸びを表す。この対数ひずみを用いれば、

①から②　$e_1=\ln\frac{l_2}{l_1}$

②から③　$e_2=\ln\frac{l_3}{l_2}$

①から③　$e_3 = \ln \frac{l_3}{l_1} = e_1 + e_2$

となり、ひずみの加算性が成り立つ。対数ひずみは、真ひずみ（true strain）、自然ひずみ（natural strain）、ヘンキーひずみ（Hencky strain）ともいわれる。

1.3.4 有限変形理論での各種応力

(a) Cauchy応力テンソル

変形後（現時刻t）において、物体内部に微小面素（表面）dsを仮想する（**図1.11**参照）。この面素に作用する力をd$\mathbf{f}$とすると、コーシー応力ベクトル（＝作用力／変形後の断面積）は

$$\mathbf{t} = \frac{\mathrm{d}\mathbf{f}}{\mathrm{d}s} \tag{1.63}$$

で表される。このとき面素の法線ベクトル$\mathbf{n}$との間に

$$\mathbf{t} = \boldsymbol{\sigma}^{\mathrm{T}} \cdot \mathbf{n} \quad \text{または} \quad t_i = \sigma_{ji} n_j \tag{1.64}$$

のCauchyの公式が成り立つ。すなわち、応力テンソル$\boldsymbol{\sigma}$は、法線ベクトル$\mathbf{n}$を応力ベクトル$\mathbf{t}$に変換する（2階の）テンソルである。また、Cauchy応力テンソルは、変形後のつり合い状態を表すので、せん断成分において$\sigma_{ij} = \sigma_{ji}$が成り立ち、対称テンソルとなる。

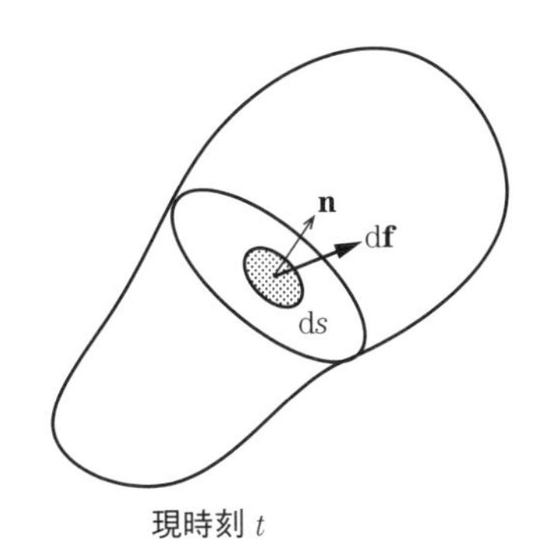

図1.11　仮想面素での応力ベクトル

$$\boldsymbol{\sigma} = \boldsymbol{\sigma}^{\mathrm{T}} \tag{1.65}$$

なお、Cauchy応力テンソルは変形後の断面積から参照される応力であるので、真応力テンソル（true stress tensor）ともいわれる。

(b) 第1 Piola-Kirchhoff 応力テンソル

Cauchy応力テンソルは、現時刻の断面積を元にした応力テンソルであるので、物体内部の応力を指し示す量として最も正確な応力テンソルである。しかし、固体力学では変形前の形状が既知状態であるので、変形前の座標に基づく応力テンソルの方が、仮想仕事の原理を記述するのに向いている。そのため、変形前の面積で応力を評価することを考える。単純に変形後の面素にかかる作用力を変形前に仮想配置して変形前の面素で除した応力ベクトル

$$\mathbf{T} \equiv \frac{\mathrm{d}\mathbf{f}}{\mathrm{d}S} \tag{1.66}$$

を用いて

$$\mathbf{T} \equiv \mathbf{P} \cdot \mathbf{N} \tag{1.67}$$

で定義される応力テンソル$\mathbf{P}$を第1パイオラ・キルヒホッフ応力テンソル（first Piola–Kirchhoff stress tensor）という。これは、公称応力（nominal stress）ともいわれ、Cauchy 応力テンソルとは次の関係となり、対称テンソルではない。

$$\boldsymbol{\sigma} = \frac{1}{J} \mathbf{P} \cdot \mathbf{F}^{\mathrm{T}} \tag{1.68}$$

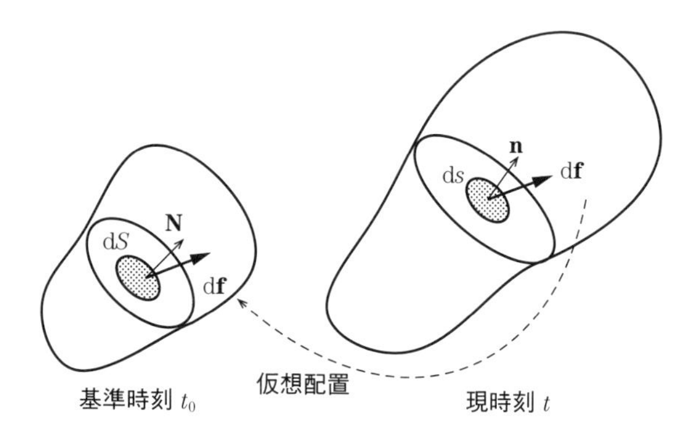

図 1.12 第1 Piola–Kirchhoff 応力テンソルの概念

ここで、J は次式の体積変化率である。

$$J = \det \mathbf{F} = \frac{\mathrm{d}v}{\mathrm{d}V} \tag{1.69}$$

(c)　第2 Piola–Kirchhoff 応力テンソル

第1 Piola–Kirchhoff 応力テンソルは非対称テンソルのため、変分原理などでの取り扱いが難しいので、別の定義を考える。微小線素の変形前後の関係は

$$\mathrm{d}\mathbf{X} = \mathbf{F}^{-1} \cdot \mathrm{d}\mathbf{x} \tag{1.70}$$

となるので、これと同じ関連づけを行い、変形勾配テンソルの逆変換を施した力を、変形前の面素に仮想配置した次式で定義される応力ベクトルを考える。

$$\mathbf{T}_2 \equiv \frac{\mathbf{F}^{-1} \cdot \mathrm{d}\mathbf{f}}{\mathrm{d}S} \tag{1.71}$$

この応力ベクトルと変形前の法線ベクトル $\mathbf{N}$ の間に

$$\mathbf{T}_2 \equiv \mathbf{S}^{\mathrm{T}} \cdot \mathbf{N} \tag{1.72}$$

で定義される応力テンソル $\mathbf{S}$ を第2パイオラ・キルヒホッフ応力テンソル（second Piola–Kirchhoff stress tensor）という。Cauchy 応力テンソルとは次の関係となり、対称テンソルとなる。

$$\boldsymbol{\sigma} = \frac{1}{J} \mathbf{F} \cdot \mathbf{S} \cdot \mathbf{F}^{\mathrm{T}} \tag{1.73}$$

式(1.73)のように変形前の座標系を参照する何らかの物理量を変形後の座標系を参照する同じ種類の物理量に変換する操作を push forward の操作（operation）という。また、式(1.68)より明らかに

$$\mathbf{P} = \mathbf{F} \cdot \mathbf{S} \tag{1.74}$$

の関係となる。

第2 Piola–Kirchhoff 応力テンソルは、作用力を変形勾配で逆変換するという操作があるので、工学的には擬似応力（pseudo stress）といわれる。しかし、この応力テンソルは、対称であり変形前の座標に基づくので、固体力学における支配方程式を組み立てるには便利である。文献［3］（p. 127）では、次のように紹介されている。

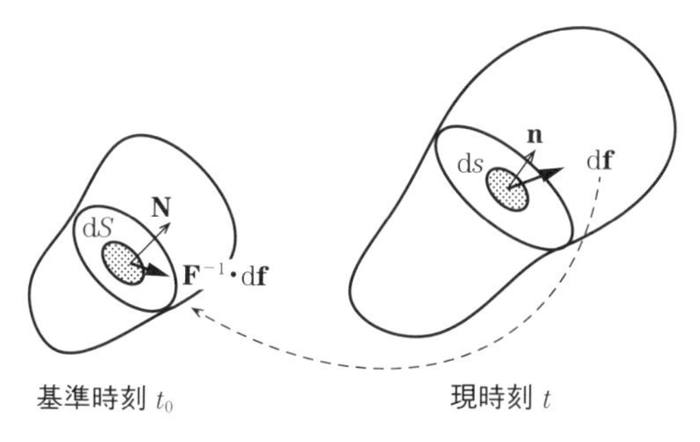

図 1.13 第 2 Piola–Kirchhoff 応力テンソルの概念

"We introduce further the **second Piola–Kirchhoff stress tensor S** which does not admit a physical interpretation in terms of surface tractions. The contravariant material tensor field is symmetric and parameterized by material coordinates. Therefore, it often represents a very useful stress measure in computational mechanics and in the formulation of constitutive equations, in particular, for solids, as we will see in Chapter 6."

1.3.5 単軸状態での有限変形理論における応力—ひずみ関係

前項まで説明してきた有限変形理論における様々なひずみテンソルと応力テンソルを、単純な単軸状態で整理する。変形前の長さ L、断面積 A の棒が引張荷重 F を受けて、長さ l、断面積 a に変形したとする。棒の伸びを u とし、材料は非圧縮状態（$AL = al$）と仮定する。このとき、各ひずみと応力は**表 1.2** で得られる。

ヤング率を 2×10^5[N/mm^2] として、各ひずみと応力の関係を**図 1.14** に示した。図から明らかに、ひずみが 0.1 を超えると大きな違いとなる。したがって、緩い条件ではあるがひずみ量が 0.05（5 %）程度の計算をするのであれば微少ひずみ理論でも差し支えないといえる。それを超えるようなひずみ領域の計算では有限変形理論の適用が必須となる。

表 1.2 単軸状態での応力とひずみ

微小ひずみ理論	微小ひずみ	$\varepsilon=\dfrac{u}{L}$
	公称応力 (第1 Piola-Kirchhoff 応力)	$P=\dfrac{F}{A}$
有限変形理論 Lagrange 表示	Green-Lagrange ひずみ	$E=\dfrac{u}{L}+\dfrac{1}{2}\left(\dfrac{u}{L}\right)^2=\varepsilon+\dfrac{1}{2}\varepsilon^2$
	第2 Piola-Kirchhoff 応力	$S=\dfrac{\left(1+\dfrac{u}{L}\right)^{-1}F}{A}=\dfrac{P}{1+\varepsilon}$
有限変形理論 Euler 表示	対数ひずみ(真ひずみ)	$e=\ln\dfrac{l}{L}=\ln\left(1+\dfrac{u}{L}\right)=\ln(1+\varepsilon)$
	Cauchy 応力(真応力)	$\sigma=\dfrac{F}{a}=\dfrac{F}{A}\left(1+\dfrac{u}{L}\right)=P(1+\varepsilon)$

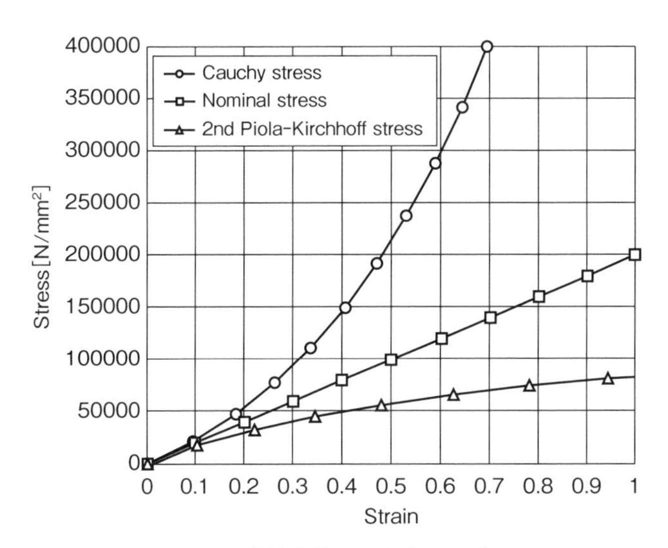

図 1.14 単軸状態での応力とひずみ

1.4　弾塑性理論

1.4.1　弾塑性挙動

一般的な金属材料に見られる、典型的な非弾性変形の一つである弾塑性挙動（elasto plastic behavior）の単軸状態における応力―ひずみ関係を図 1.15 に示す。

最初、材料に外力が負荷されたとき、ヤング率 E の傾きで、応力とひずみの関係は線形となる。さらに、外力が負荷されて a 点まで変形が進み、応力がある一定値 Y を超えたとき、材料は弾性変形を超えて塑性変形する。一定値 Y を降伏応力（yield stress）という。塑性変形後、応力―ひずみ曲線は応力増分をひずみ増分で除した接線係数 H_0 に依存する非線形な曲線となり、この現象をひずみ硬化（strain hardening）または加工硬化（work hardening）という。さらに、b 点まで荷重が負荷されて、全ひずみ（total strain）が ε となった後に、荷重が除荷された c 点において、塑性ひずみ（plastic strain）ε^p が永久ひずみとして残る。b 点から c 点へは、ヤング率 E の傾きで移動し、その時弾性回復するひず

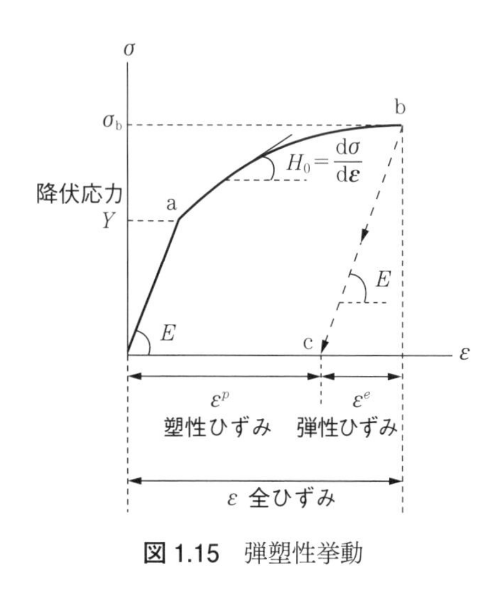

図 1.15　弾塑性挙動

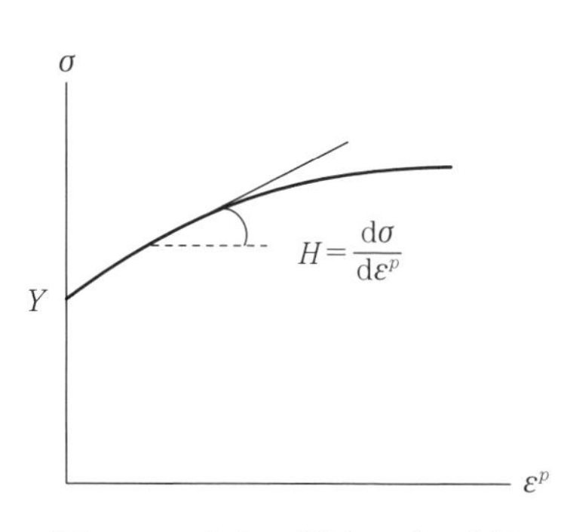

図 1.16　応力―塑性ひずみ曲線

み量を弾性ひずみ（elastic strain）ε^e といい、

$$\varepsilon^e = \frac{\sigma_b}{E} \tag{1.75}$$

となる。σ_b は b 点での応力である。ここで、全ひずみは弾性ひずみと塑性ひずみに分解されて

$$\varepsilon = \varepsilon^e + \varepsilon^p \tag{1.76}$$

で表される。

材料のひずみ硬化特性を表すために、応力と塑性ひずみの関係でまとめると都合が良い。**図 1.16** に応力―塑性ひずみ曲線を示す。この時、塑性域での挙動は応力増分 $d\sigma$ を塑性ひずみ増分 $d\varepsilon^p$ で除したひずみ硬化率 H（strain-hardening rate）で規定される。なお、この応力―塑性ひずみ曲線を変形抵抗曲線（flow curve）あるいは加工硬化曲線（work hardening）ともいう。

次に、単軸状態での塑性域も含めた応力ひずみ関係を考える。線形弾性の単軸状態ではヤング率 E を用いて、次式の応力とひずみの構成方程式となる。

$$\sigma = E\varepsilon \tag{1.77}$$

式(1.77)を、塑性を含めて拡張する。増分形式で表すと、弾性域では式(1.78)の関係となり、塑性域を含めた全領域では、図 1.15 を参照して式(1.79)となる。また、塑性域では、図 1.16 を参照して、式(1.80)となる。

$$d\sigma = E d\varepsilon^e \tag{1.78}$$

$$d\sigma = H_0 d\varepsilon \tag{1.79}$$

$$d\sigma = H d\varepsilon^p \tag{1.80}$$

式(1.76)をひずみ増分で表せば、

$$d\varepsilon = d\varepsilon^e + d\varepsilon^p \tag{1.81}$$

となり、式(1.78)、(1.79)、(1.80)の関係を代入すれば、

$$\frac{d\sigma}{H_0} = \frac{d\sigma}{E} + \frac{d\sigma}{H} \tag{1.82}$$

であるので、式(1.82)より

$$H_0=\frac{EH}{E+H} \quad \text{または} \quad H=\frac{EH_0}{E-H_0} \tag{1.83}$$

の関係を得る。式(1.83)の第1式を弾塑性領域の関係式(1.79)に代入すれば

$$\mathrm{d}\sigma=\frac{EH}{E+H}\,\mathrm{d}\varepsilon=\left(E-\frac{E^2}{E+H}\right)\mathrm{d}\varepsilon \tag{1.84}$$

となる。この式は、単軸状態での弾塑性を含めた応力―ひずみの構成方程式であり、多軸場に拡張すれば

$$\mathrm{d}\sigma_{ij}=\left[D_{ijkl}-\frac{D_{ijmn}s_{mn}s_{pq}D_{pqkl}}{s_{ij}D_{ijkl}s_{kl}+\left(\frac{2}{3}\bar{\sigma}\right)^2 H}\right]\mathrm{d}\varepsilon_{kl} \tag{1.85}$$

と表記できる[5]。

1.4.2　応力―ひずみ曲線（加工硬化曲線）

式(1.84)にあるように、弾塑性を含める場合、応力―ひずみの構成方程式はひずみ硬化率Hで表現すること、すなわち図1.16に示す応力と塑性ひずみの関係式を用いれば、都合が良い。ただし有限変形理論を適用する場合、このときの応力σは力を変形後の面積で除した真応力であり、塑性ひずみε^pは真塑性ひずみとなる。**図1.17**に代表的な応力―塑性ひずみ曲線を示す。図1.17(a)のモデルは、ひずみ硬化を無視した近似であり完全塑性体（perfectly plastic mate-

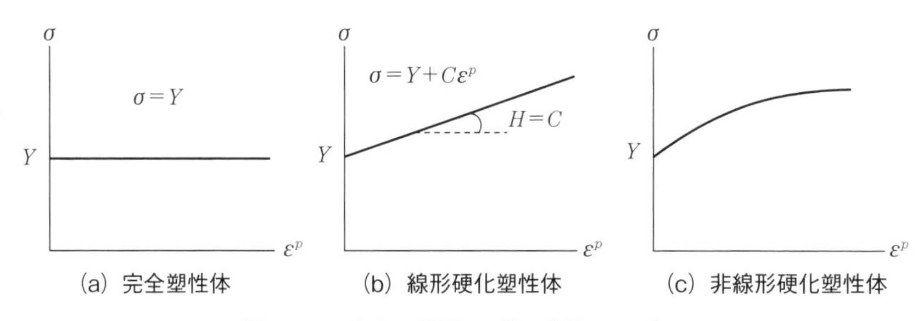

図1.17　応力―塑性ひずみ曲線のモデル

rial）という。図 1.17(b)のモデルは、線形硬化塑性体という。いずれも弾塑性を含む構造解析の簡易評価を行う場合に用いられる。図 1.17(c)で示される非線形硬化塑性体で、よく用いられる応力—塑性ひずみ関係式の例を以下に示す。

$$\sigma = C(\varepsilon^p)^n \qquad n\text{乗則} \tag{1.86}$$

$$\sigma = Y + C'(\varepsilon^p)^{n'} \qquad \text{Ludwik} \tag{1.87}$$

$$\sigma = C''(\varepsilon_0 + \varepsilon^p)^{n''} \qquad \text{Swift} \tag{1.88}$$

べき乗則モデルともいわれる式(1.86)は理論解を求める際に多用される式であり、その指数 n はひずみ硬化指数といわれ、塑性加工における重要なパラメータである。詳細は、2.2.3 項にて説明する。実材料における応力—ひずみ曲線とその数値モデルを**図 1.18** に示す。

有限要素法プログラムに応力—ひずみ曲線を入力する際には、一般には多直線近似した区分点で入力する形式が多い。その場合、図 1.15 のように横軸を全ひずみとする場合と図 1.16 に示す横軸を塑性ひずみとする場合の二つのタイプに分類される。使用者は有限要素法プログラムのマニュアルを確認して、い

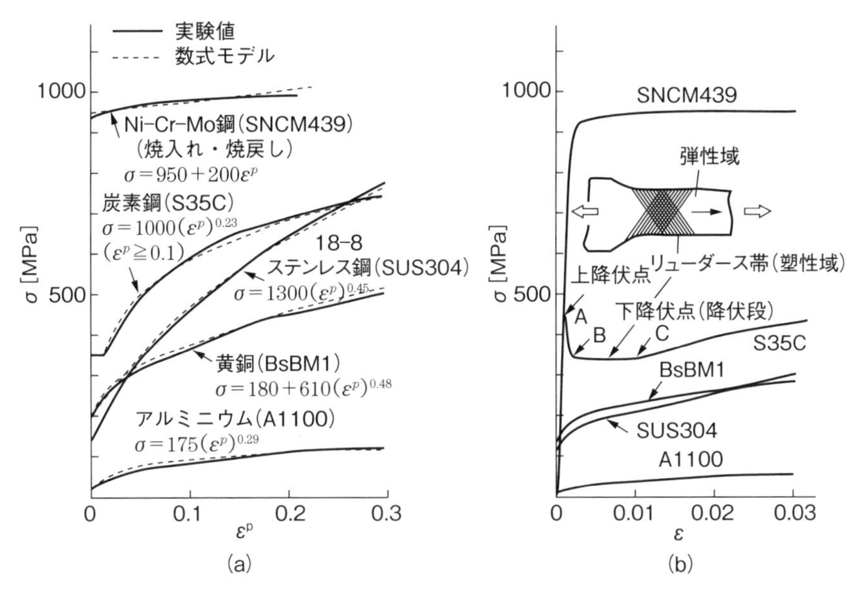

図 1.18 実材料の応力—ひずみ曲線（文献［4］から転載）

ずれかの形式で入力しなければならない。応力―ひずみ曲線の入力形式については、2.2.2 項の例題で詳細を説明する。

1.4.3　初期降伏曲面

材料に初期状態から負荷が与えられたとき、応力が小さい間は弾性挙動を示すが、応力がある条件を満足するとそれ以降の負荷に対して塑性変形を生じる。このような塑性変形が開始する応力を初期降伏応力（initial yield stress）といい、多軸場の負荷のもとで初期降伏が生じる応力状態は、応力空間内に一つの閉曲面（初期降伏曲面）を形成する。そこで、応力 σ_{ij} の関数 $F(\sigma_{ij})$ を考え、

$$F(\sigma_{ij})<0 \tag{1.89}$$

であれば、弾性状態であり、

$$F(\sigma_{ij})=0 \tag{1.90}$$

の条件が成り立てば初期降伏が生じるとする。この初期降伏関数の様々な例を第 2 章で詳細に示す。

1.4.4　後続降伏条件

材料が負荷を受けて、初期降伏応力に到達した後にさらに負荷を受けた場合に、一般には硬化を生じながら塑性変形が進行する（**図 1.19** の OABC）。しかし、ある応力状態（B 点）で荷重を除荷すると、BD に示す弾性挙動となり、D 点から再び負荷を行うと新たな降伏は除荷開始点の近くの E 点で生じる。一方、D 点から逆負荷を行うと、圧縮側では初期降伏応力より小さい F 点で降伏する。このとき

$$|\sigma_{\mathrm{B}}-\sigma_{\mathrm{F}}|=2Y$$

の関係であれば、移動硬化則といわれる。一方、圧縮側の B′ 点で降伏し

$$\sigma_{\mathrm{B}}=-\sigma_{\mathrm{B'}}$$

が成り立つとき、等方硬化則という。

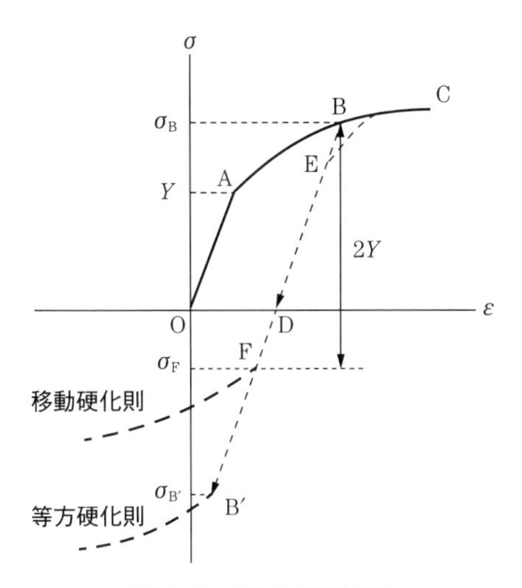

図 1.19　荷重負荷履歴

一般に金属の圧縮側での再降伏応力は、初期降伏応力より小さくなる傾向にあり、これはバウシンガー効果（Bauschinger effect）として知られる現象であり、降伏曲面が塑性変形の進行とともに移動することを意味する。塑性変形が生じた後の降伏曲面は、後続降伏曲面（subsequent yield surface）といわれ、塑性変形の履歴に依存する。

以上のことから、後続降伏曲面は応力のみでなく、塑性ひずみや負荷の過程に依存した硬化パラメータ κ の関数となるので、式(1.90)を拡張して

$$F(\sigma_{ij}, \varepsilon_{ij}^{p}, \kappa) = 0 \tag{1.91}$$

と表すことができる。一般に、硬化パラメータ κ はひずみ履歴の関数であるが、その変化 $\mathrm{d}\kappa$ を塑性仕事

$$\mathrm{d}\kappa = \mathrm{d}W^{p} = \sigma_{ij}\mathrm{d}\varepsilon_{ij}^{p} \tag{1.92}$$

あるいは、次式の相当塑性ひずみ増分を用いて

$$\mathrm{d}\kappa = \mathrm{d}\bar{\varepsilon}^{p} = \sqrt{\frac{2}{3}\mathrm{d}\varepsilon_{ij}^{p}\mathrm{d}\varepsilon_{ij}^{p}} \tag{1.93}$$

と表すことが多い。式(1.91)の降伏曲面の形が、塑性変形の進行と共にどのように変化するかを規定する法則を硬化則（hardening rule）といい、一般の有限

要素法では以下の3種類が用意されている。

(a)　等方硬化則（isotropic hardening rule）

降伏曲面がその大きさのみを変えて、中心の位置は固定されているとする考え方であり、後に2章で示すMisesの初期降伏関数を用いれば

$$F=\frac{3}{2}s_{ij}s_{ij}-[Y(\bar{\varepsilon}^p)]^2 \tag{1.94}$$

と表される。ここで、$\bar{\varepsilon}^p$ は相当塑性ひずみ（equivalent plastic strain）であり、式(1.93)から

$$\bar{\varepsilon}^p=\sqrt{\frac{2}{3}\varepsilon_{ij}^p\varepsilon_{ij}^p} \tag{1.95}$$

となる。等方硬化則の場合、降伏応力の大きさ Y が相当塑性ひずみ $\bar{\varepsilon}^p$ に依存する関数であることに注意されたい。

(b)　移動硬化則（kinematic hardening rule）

降伏曲面はその大きさを変えずに移動のみ行われるとする考え方である。応力空間における降伏曲面の中心を α_{ij} として

$$F=\frac{3}{2}(s_{ij}-\alpha_{ij})(s_{ij}-\alpha_{ij})-Y^2 \tag{1.96}$$

と表される。この α_{ij} を背応力（back stress）という。Bauschinger効果を表現できることから、繰り返し荷重における実際の挙動とよく一致する。詳細は2.3節にて説明する。移動硬化則の場合、降伏応力 Y は一定値であることに注意されたい。

(c)　混合硬化則（combined hardening rule）

等方硬化則と移動硬化則を混合した硬化則であり、複合硬化則ともいわれ、次式で表される。降伏曲面が移動しながら、曲面の大きさも変化する。詳細は2.4節にて説明する。

$$F=\frac{3}{2}(s_{ij}-\alpha_{ij})(s_{ij}-\alpha_{ij})-[Y(\bar{\varepsilon}^p)]^2 \tag{1.97}$$

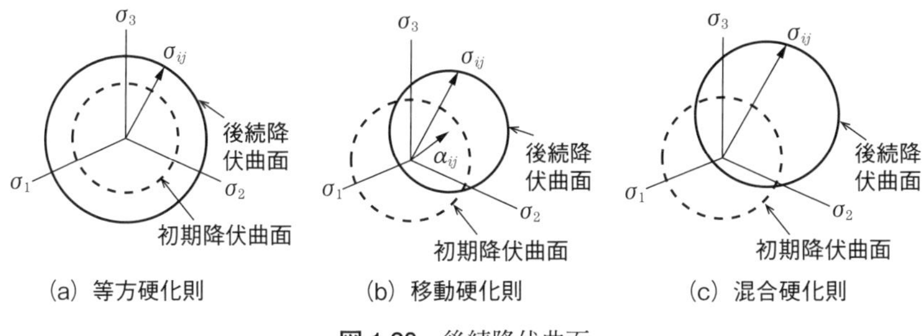

図 1.20 後続降伏曲面

1.4.5 流れ則

多軸場における塑性ひずみ増分を降伏曲面に結びつける基本的な構成関係として、塑性ポテンシャル

$$G=G(\sigma,\kappa) \tag{1.98}$$

を導入し、塑性ひずみ増分 $\mathrm{d}\varepsilon_{ij}^{p}$ が次式のように導かれるものとする仮説が一般に認められている。

$$\mathrm{d}\varepsilon_{ij}^{p}=\mathrm{d}\lambda\frac{\partial G}{\partial\sigma_{ij}} \tag{1.99}$$

ここで、塑性ポテンシャル G に降伏条件 F を適用する関係を連合流れ則（associated flow rule）といい、次式となる。この関係でなければ非連合流れ則（non-associated）といわれる。

$$\mathrm{d}\varepsilon_{ij}^{p}=\mathrm{d}\lambda\frac{\partial F}{\partial\sigma_{ij}} \tag{1.100}$$

ここで $\mathrm{d}\lambda$ は、まだ決定されていない比例定数である。式(1.100)は、**図 1.21** に示すように2次元の応力空間における降伏曲面に対して、塑性ひずみ増分の垂直性を表していると考えることができ、垂直性原理（normality rule）として知られ

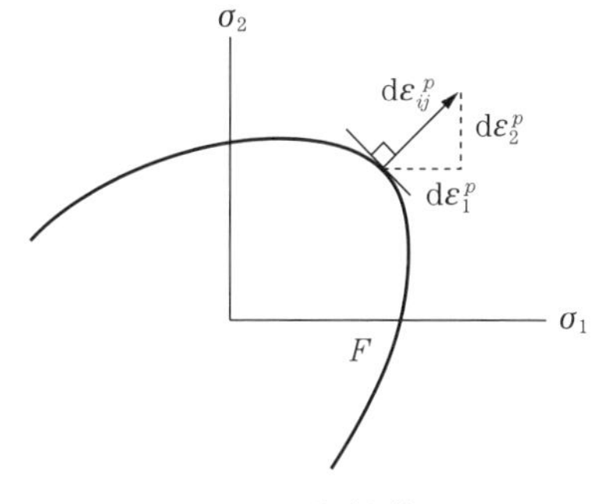

図 1.21 塑性増分

ている。

文献

［1］ 久田俊明，野口裕久，“復刊 非線形有限要素法の基礎と応用”，丸善出版，2020.

［2］ 京谷孝史，“よくわかる連続体力学ノート”，森北出版，2008.

［3］ Holzapfel, G. A., “Nonlinear Solid Mechanics”, Wiley, 2001.

［4］ 吉田総仁，“弾塑性力学の基礎”，共立出版，pp. 116，1997.

［5］ 石川覚志，“＜解析塾秘伝＞非線形構造解析の学び方！”，日刊工業新聞社，pp. 46–48，2012.

第2章

金属系材料

「鉄は国家なり」。1862 年に当時のプロイセン首相オットー・フォン・ビスマルク（1815―1898）が行った演説に由来する言葉である。当時と比べると現代社会は省エネルギー・高効率へと進化しており、金属以外に多種多様の材料が開発されている。しかし、我々の生活の上での大きな構造物や社会インフラには、鉄をはじめとした金属材料が重要な役割を担っている。

本章では、金属系材料の降伏条件式を中心に説明する。

2.1 Trescaの降伏条件

▸2.1.1 Trescaの降伏条件

塑性変形が各結晶粒内のすべり変形の集積であることから、せん断変形によって降伏条件を組み立てたのがトレスカ（Tresca）の降伏関数である。この関数は、最大せん断応力 $\tau_{\max}$ がせん断降伏応力 K に達すると、塑性変形が開始すると考える説である。最大主応力と最小主応力をそれぞれ σ_1、σ_3 とすると、$\tau_{\max}=(\sigma_1-\sigma_3)/2$ であるので、Trescaの降伏関数は

$$F=\frac{\sigma_1-\sigma_3}{2}=K \tag{2.1}$$

と表される。式(2.1)に単軸引張のときの降伏条件 $\sigma_1=Y$、$\sigma_2=\sigma_3=0$ を代入すれば

$$\frac{Y}{2}=K \tag{2.2}$$

となり、Trescaの降伏条件は

$$\sigma_1-\sigma_3=Y \tag{2.3}$$

と表示される。Trescaの降伏曲面は、主応力空間の偏差平面（Π平面）では**図**

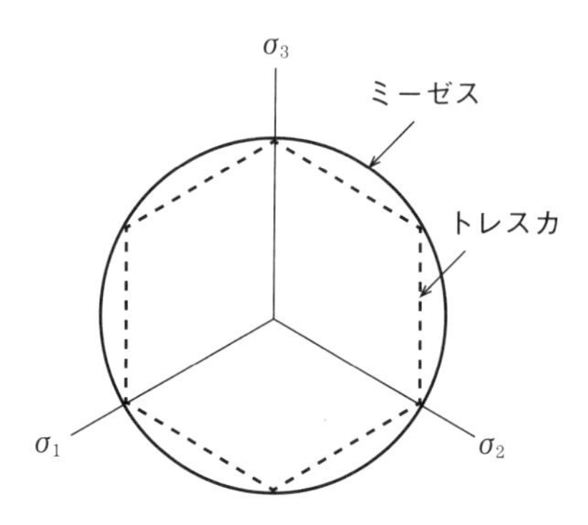

図 2.1　Mises と Tresca の降伏曲面

2.1 の点線で示す六角形となる。

2.2　Misesの降伏条件

2.2.1　Misesの降伏条件

金属材料の場合、通常、塑性変形に及ぼす静水圧の影響を無視できる。したがって、降伏関数Fが式(1.23)の第1式で示される偏差応力s_{ij}の第2不変量J_2を変数として、ミーゼス（Mises）の降伏条件式は

$$F=\sqrt{3J_2}-Y=\sqrt{\frac{3}{2}s_{ij}s_{ij}}-Y=0 \tag{2.4}$$

と表される。ここで、Yは単軸引張負荷条件での初期降伏応力である。なお、J_2はせん断弾性ひずみエネルギーに比例するから、Misesの降伏条件式はせん断ひずみエネルギー説ともいわれる。また、八面体応力説に基づく降伏条件としても解釈される。Misesの降伏曲面は、主応力空間の偏差平面では図2.1の実線に示す円となる。Misesの降伏条件は、等方性の金属の降伏を表す最も標準的な関数であり、ほとんどの有限要素法のデフォルトの降伏関数として採用されている。

ここで、**図2.2**の純せん断変形において、TrescaとMisesの降伏条件の比較を行う。式(2.4)および式(1.23)の第4式を参照して、Misesの降伏応力を主応力で表せば次式となる。

$$Y=\sqrt{\frac{1}{2}[(\sigma_1-\sigma_2)^2+(\sigma_2-\sigma_3)^2+(\sigma_3-\sigma_1)^2]} \tag{2.5}$$

ここで、図2.2を参照しτにせん断降伏応力Kとして、$\sigma_1=-\sigma_3=K$、$\sigma_2=0$の純せん断の応力状態を式(2.5)に代入すれば

$$Y=\sqrt{\frac{1}{2}\{(K-0)^2+[0-(-K)]^2+[(-K)-K]^2\}}=\sqrt{3}K \tag{2.6}$$

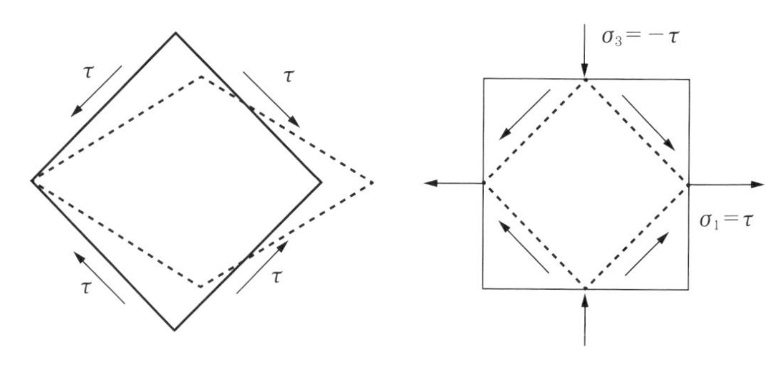

図 2.2　純せん断変形と等価な主応力系

となり、引張降伏応力 Y とせん断降伏応力 K の重要な関係を得る。

2.2.2　例題（加工硬化曲線の入力）

丸棒試験片（軸対称）の単軸試験を対象として、Mises の降伏条件を使った弾塑性材料の応力ひずみ曲線を検討するための解析事例を示す。軸対称構造物の解析を行う場合、断面を 2 次元のメッシュでモデル化することで効率よく解析を行える。そのような有限要素を軸対称要素といい、一般に直交デカルト座標系の x 座標が半径方向 r を、y 座標が対称軸 z を、z 座標が周方向 θ を表す。本例題での構造物としては、**図 2.3**(a)の単軸状態を示す円柱形状を上下に引っ張る。有限要素メッシュは、図 2.3(b)に示す縦 1.0[mm]、横 0.56419[mm] の 1 個の軸対称要素となる。この要素の節点 1 と 4 は対称軸上（y 軸上）に配置するので、半径が 0.56419 となり、面積は $\pi \times 0.56419^2 = 1.0$[mm^2] の単位断面積となる。

このモデルでは、節点 3 と 4 の y 方向変位（軸方向変位）が常に同一となるように、拘束条件として次式の線形同次方程式を設定する。

$$1.0 \times u_3^y - 1.0 \times u_4^y = 0$$

この場合、節点 3 が従属節点、節点 4 は独立節点となる。この多点拘束条件により、節点 4 の力（反力）は図 2.3(a)の単軸モデルにおける断面全体の力に相

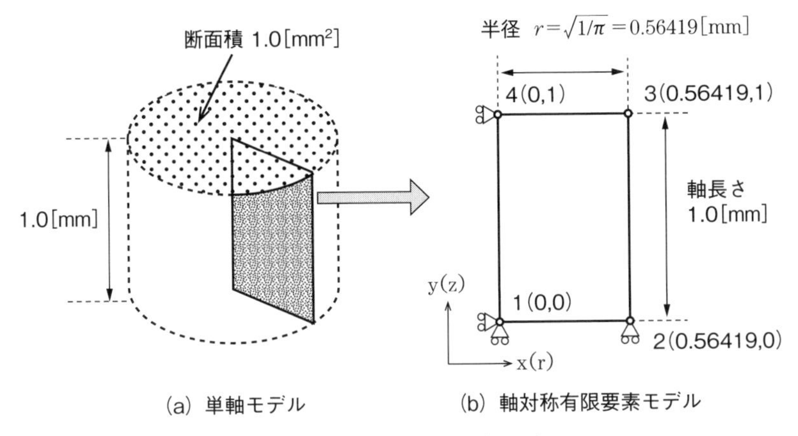

図 2.3　単軸応答有限要素モデル

当する。本例の有限要素モデルは長さ・断面積ともに 1.0 であるので、節点 4 の変位は工学ひずみに、反力は公称応力に一致する。境界条件は、節点 1 と 4 に x 方向の変位拘束を、節点 1 と 2 に y 方向の変位拘束を与え、節点 4 の y 方向に強制変位を与えることで、節点 3 と 4 で構成される辺が均一に y 方向に引っ張られる単軸状態を模擬する。

本例で確認する SMA490A 鋼の実験結果（公称全ひずみ、公称応力）を**図 2.4** の A、B 列に示す。応力の単位は MPa＝N/mm² である。ひずみが 0.13 の辺りから試験片のネッキングが発生し、純粋な単軸状態ではなくなっており、応力は減少している。本質的にネッキング以降の処理は、解析対象や解析条件などでユーザーが適切な処置を取るべきである。しかし、本例ではこの応力―ひずみ曲線が純粋な単軸状態の結果であると無条件に仮定して、弾塑性解析における加工硬化曲線の入力方法を示す。目標となるひずみは 0.25 と非常に大きな量であるので、有限変形理論での計算が必要となる。この場合、一般の有限要素法では真応力と真塑性ひずみの関係で加工硬化曲線を入力する。表 1.2 で示した単軸状態での応力とひずみの関係式を使って、図 2.4 において

- 真ひずみ　　　：D 列＝ln(1.0＋A 列)
- 真応力　　　　：E 列＝B 列×(1.0＋A 列)

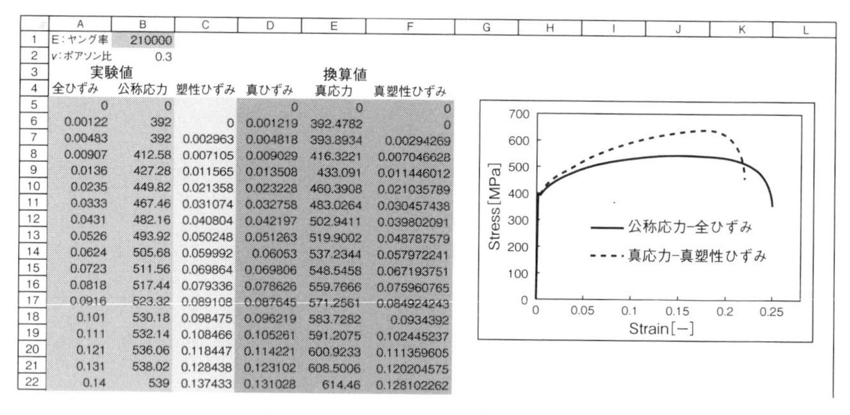

	A	B	C	D	E	F
1	E：ヤング率	210000				
2	ν：ポアソン比	0.3				
3	実験値				換算値	
4	全ひずみ	公称応力	塑性ひずみ	真ひずみ	真応力	真塑性ひずみ
5	0	0		0	0	0
6	0.00122	392	0	0.001219	392.4782	0
7	0.00483	392	0.002963	0.004818	393.8934	0.00294269
8	0.00907	412.58	0.007105	0.009029	416.3221	0.007046628
9	0.0136	427.28	0.011565	0.013508	433.091	0.011446012
10	0.0235	449.82	0.021358	0.023228	460.3908	0.021035789
11	0.0333	467.46	0.031074	0.032758	483.0264	0.030457438
12	0.0431	482.16	0.040804	0.042197	502.9411	0.039802091
13	0.0526	493.92	0.050248	0.051263	519.9002	0.048787579
14	0.0624	505.68	0.059992	0.06053	537.2344	0.057972241
15	0.0723	511.56	0.069864	0.069806	548.5458	0.067193751
16	0.0818	517.44	0.079336	0.078626	559.7666	0.075960765
17	0.0916	523.32	0.089108	0.087545	571.2561	0.084924243
18	0.101	530.18	0.098475	0.096219	583.7282	0.0934392
19	0.111	532.14	0.108466	0.105261	591.2075	0.102445237
20	0.121	536.06	0.118447	0.114221	600.9233	0.111359605
21	0.131	538.02	0.128438	0.123102	608.5006	0.120204575
22	0.14	539	0.137433	0.131028	614.46	0.128102262

図 2.4　SMA490A の実験データ

■　真塑性ひずみ　　：F 列＝D 列－E 列/B1 セル

となるので、E、F 列の 6 行目以降を加工硬化曲線として入力する。B1 セルにはヤング率として 210000［MPa］が入力されている。なお、ポアソン比は 0.3 である。

Abaqus による解析データを Box 2.1 に示す。

Box 2.1　弾塑性材料の単軸引張入力データ

```
*HEADING
** JOB NAME: JOB1 MODEL NAME: MODEL-1
*NODE                         ** 節点座標の定義
 1,  0.0,     0.0
 2,  0.56419, 0.0
 3,  0.56419, 1.0
*NODE, NSET=NOUT              ** 独立節点を定義し、集合名を与える
 4,  0.0,    1.0
*ELEMENT, TYPE=CAX4R, ELSET=EALL    ** 軸対称低減積分要素の定義
 1, 1, 2, 3, 4
*SOLID SECTION, ELSET=EALL, MATERIAL=SM460A
,
*MATERIAL, NAME=SM460A    ** 弾塑性材料定義
*ELASTIC
```

```
210000.0, 0.3
**    E  , ν
*PLASTIC, HARDENING=ISOTROPIC       ** 等方硬化則での加工硬化曲線
 392.478, 0.0
 393.893, 0.00294269
** 途中省略
 508.785, 0.219119
 443.450, 0.221032
*EQUATION                    ** 線形方程式拘束  1.0×u3y-1.0×u4y=0
2
3, 2,  1.0
4, 2, -1.0
*STEP, NAME=STEP-1, NLGEOM=YES       ** 有限変形理論の適用
*STATIC                              ** 静的解析
0.001, 0.25, 2.5E-06, 0.01
*BOUNDARY              ** 境界条件
1, 1, 2                ** 節点 1 番は x と y 自由度拘束
2, 2, 2                ** 節点 2 番は y 自由度のみ拘束
4, 1, 1                ** 節点 4 番の x 自由度拘束
4, 2, 2, 0.25          ** 節点 4 番の y 自由度に 0.25 の強制変位
**
*OUTPUT, HISTORY       ** 履歴出力の設定
*ELEMENT OUTPUT, ELSET=EALL
MISES, PEEQ
*NODE OUTPUT, NSET=NOUT
RF2, U2
*END STEP
```

Abaqus のデータは先頭の *（アスタリスク）がコマンドであり、以降の単純な英単語で構成されます。本来の入力の規約として先頭の ** はコメント行を表し、行の途中での ** はコメントとして認識しません。しかし本書の特別規約として、データ入力を補足説明するために、行の途中であっても ** 以降はコメントとして記載します。したがって、このままの入力データで実行するとエラーとなるので注意してください。

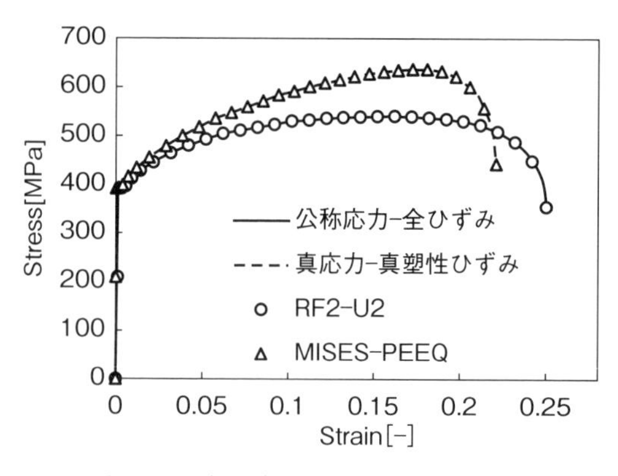

図 2.5　有限変形理論での解析結果

解析結果を**図 2.5** に示す。独立節点 4 番の y 方向変位（U2）と y 方向反力（RF2）を○のシンボルプロットで、要素の相当塑性ひずみ（PEEQ）と相当応力（MISES）を△のシンボルプロットで示す。それぞれ実験結果の公称応力―公称ひずみ曲線と換算結果の真応力―真塑性ひずみ曲線に一致している。

本例は大ひずみ問題であるので、有限変形理論が適切であるが計算時間の関係などで微小ひずみ理論で計算することを考えてみる。その場合、応力―塑性ひずみ曲線は公称応力―公称塑性ひずみの関係で入力する必要があるので、

■　公称塑性ひずみ　　：C 列＝A 列－B 列/B1 セル

で計算した図 2.4 の B、C 列の 6 行目以降を加工硬化曲線として入力する必要がある。微小ひずみ理論での解析結果を**図 2.6** に示す。節点反力（公称応力）と MISES の相当応力が一致している。すなわち、微小ひずみ理論では真応力という概念がないことがわかる。

冗長ではあるが、理解を深めるために真応力―真塑性ひずみ曲線を加工硬化曲線として微小ひずみ理論で計算した結果を**図 2.7** に示す。このように微小ひずみ理論では、あくまでも入力された加工硬化曲線を公称応力と公称ひずみの対として取り扱うに過ぎないことが理解できる。

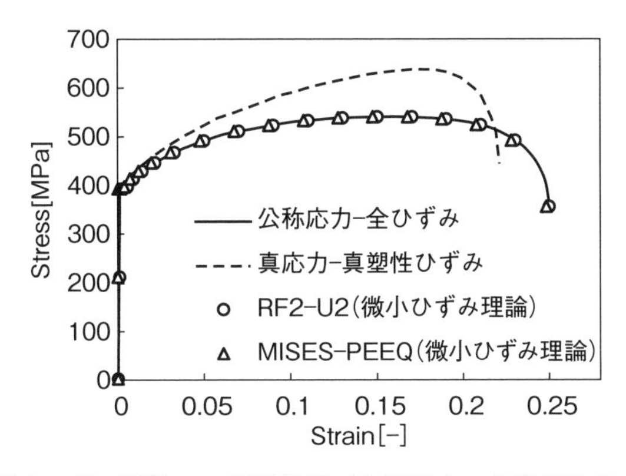

図 2.6　微小ひずみ理論での解析結果（公称応力—公称塑性ひずみ入力）

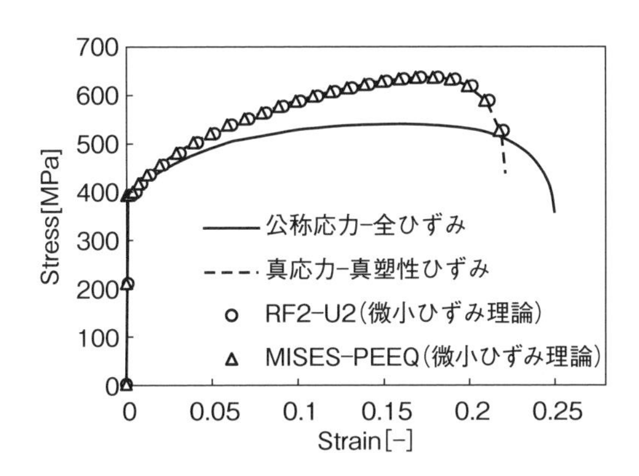

図 2.7　微小ひずみ理論での解析結果（真応力—真塑性ひずみ入力）

▶2.2.3　例題（単軸引張での拡散くびれと局部くびれ）

(a)　拡散くびれの理論値

本項では、薄板の単軸引張におけるくびれ発生の条件を説明し、有限要素法による解析例とその結果を示す。

金属材料に引張力を加えて伸ばす場合、ある程度の変形量まで均一に伸びた後に**図 2.8** に示すような拡散くびれ（diffused necking）が生じる。いま、初期断面積 A_0、標点間距離 l_0 の試験片に引張荷重 P を加えてひずみ ε まで変形させ、断面積A、標点間距離l、応力σになった状態を考える。簡単のため、剛塑性材料（rigid plastic material）として弾性変形を無視し、非圧縮状態を仮定すれば$A_0 l_0 = Al$なので、軸方向の真塑性ひずみをεと表記すれば

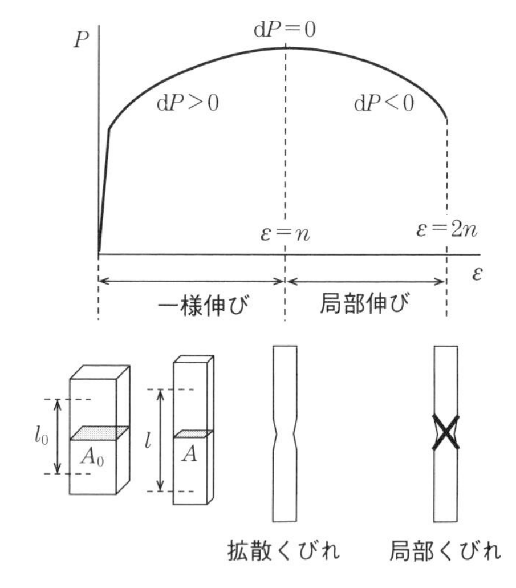

図 2.8　単軸引張試験

$$\varepsilon = \ln\frac{l}{l_0} = \ln\frac{A_0}{A} \qquad (2.7)$$

であり、

$$A = A_0 \exp(-\varepsilon) \qquad (2.8)$$

となる。一方、応力の定義$P = A\sigma$より荷重増分は

$$\mathrm{d}P = A\mathrm{d}\sigma + \sigma\mathrm{d}A \qquad (2.9)$$

の関係が得られる。式(2.9)の右辺第1項は加工硬化による変形抵抗の増大を表す。一方、引張荷重の条件では dA は負となるので、式(2.9)の右辺第2項は断面積の減少による荷重負担能力の低下を意味する。最高引張力の点においては両者の値が等しく、$\mathrm{d}P = 0$ となり、それ以降は断面積の減少が加工硬化による変形抵抗の増大を上回るため、$\mathrm{d}P < 0$ となり拡散くびれが生じる。したがって、拡散くびれ発生の条件は $\mathrm{d}P = 0$ であるので、式(2.8)と(2.9)を用いれば

$$\begin{aligned}\frac{\mathrm{d}P}{\mathrm{d}\varepsilon} &= A\frac{\mathrm{d}\sigma}{\mathrm{d}\varepsilon} + \sigma\frac{\mathrm{d}A}{\mathrm{d}\varepsilon} \\ &= A_0\exp(-\varepsilon)\frac{\mathrm{d}\sigma}{\mathrm{d}\varepsilon} - \sigma A_0\exp(-\varepsilon) \\ &= A_0\exp(-\varepsilon)\left(\frac{\mathrm{d}\sigma}{\mathrm{d}\varepsilon} - \sigma\right) = 0 \qquad (2.10)\end{aligned}$$

となるので、

$$\frac{d\sigma}{d\varepsilon}=\sigma \tag{2.11}$$

が拡散くびれ発生の条件となる。材料の変形抵抗が式(1.86)の n 乗硬化則で表される $\sigma=C\varepsilon^n$ であれば

$$\frac{d\sigma}{d\varepsilon}=n\frac{\sigma}{\varepsilon} \tag{2.12}$$

となるので、

$$\varepsilon=n \tag{2.13}$$

で拡散くびれが発生する重要な関係が得られる。つまり、n 値が大きい材料ほど加工限界が大きい材料といえる。軟鋼板（低炭素鋼）では n 値は 0.2～0.25 程度であり、ステンレス鋼や銅などでは 0.3 以上の比較的大きな値となる。（図 1.18 参照）

(b)　局部くびれの理論値

さらに、引張変形を加えると拡散くびれは周囲の拘束により変形が進まず、板厚方向の局部くびれ（localized necking）が発生する。その後変形はくびれの部分にのみ局在化して、変形が急速に進行し、破断することになる。この発生条件について、ヒル（Hill[1]）は伸びのない方向に発生し、くびれに直交する方向の最大荷重で得られることを示した。

図 2.9 を参照して、x_1 軸方向に単軸引張を与え、十分に塑性領域に入っており、材料は非圧縮性を満足していると仮定する。引張方向のひずみ増分と板幅方向（x_2 軸方向）のひずみ増分の比はポアソン比が 0.5 となるので、次式となる。

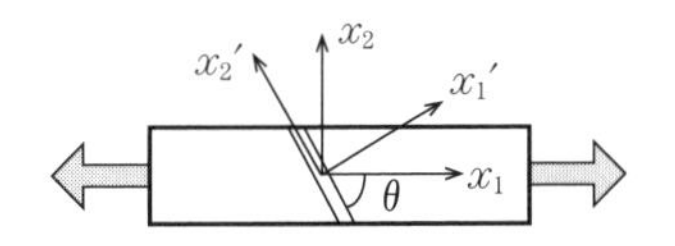

図 2.9　単軸引張とくびれの方向

$$\frac{d\varepsilon_1}{d\varepsilon_2}=-2 \tag{2.14}$$

図のように二重線で示されるくびれの発生方向 θ を引張方向からの傾きとして、くびれ方向 x_2' のひずみ増分はゼロであることから、ひずみテンソルを座標変

換して

$$d\varepsilon_2{}' = d\varepsilon_1 \cos^2\theta + d\varepsilon_2 \sin^2\theta = 0 \tag{2.15}$$

となる。したがって、式(2.14)の関係より

$$\tan^2\theta = -\frac{d\varepsilon_1}{d\varepsilon_2} = 2 \tag{2.16}$$

となり、くびれの発生角度は $\theta = 54.7°$ となる。局部くびれの発生条件は、くびれ方向と直交する方向の荷重が最大となるときであるので、板厚を t として

$$d(\sigma_1{}'t) = d\sigma_1{}'t + \sigma_1{}'dt = 0 \tag{2.17}$$

となる。板厚方向のひずみも非圧縮条件から

$$\frac{dt}{t} = d\varepsilon_3 = -\frac{d\varepsilon_1}{2} \tag{2.18}$$

であり、式(2.17)と(2.18)より

$$\frac{d\sigma_1{}'}{d\varepsilon_1{}'} = \frac{\sigma_1{}'}{2} \tag{2.19}$$

となる。やはり、式(1.86)の n 乗硬化則を使うと、局部くびれの発生するひずみは

$$\varepsilon = 2n \tag{2.20}$$

で得られる。

(c) 解析例

本項では、板幅 10[mm]、板厚 0.2[mm] の薄板に単軸引張を与えたときの荷重とひずみの関係およびくびれの状況を有限要素法で確認し、理論解と比較する。材料の弾性定数はヤング率 $E = 200000$[MPa]、ポアソン比 $\nu = 0.3$、塑性の加工硬化曲線は式(1.88)の Swift 則にて $n = 0.2$ を適用し、

$$\sigma = 500(0.002 + \varepsilon^p)^{0.2}[\mathrm{MPa}] \tag{2.21}$$

とした。有限要素モデルは、3 次元六面体完全積分要素での 1/8 モデルとして幅 5[mm]、板厚 0.1[mm] の形状をメッシュサイズ 0.1[mm] で要素分割した。**図 2.10** に示すように対称拘束条件を設定し、モデル下面の z 方向（紙面垂直方向）にも対称拘束条件を与え、モデル右側の辺の節点群の x 方向自由度を 1 点

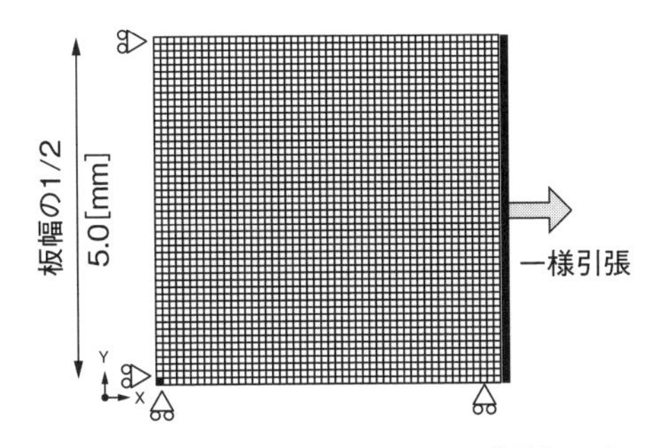

図 2.10　単軸引張によるくびれの解析モデル

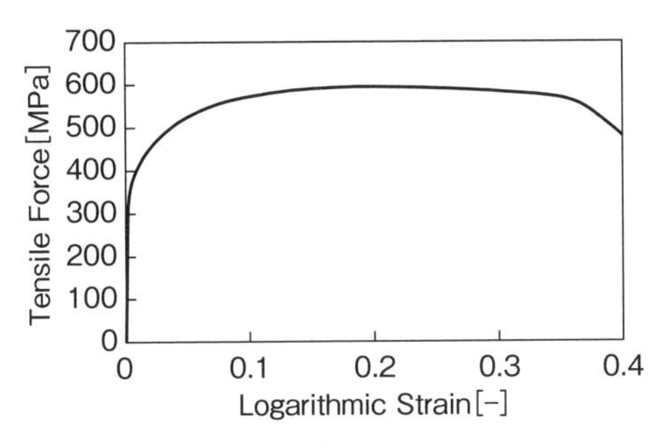

図 2.11　荷重―対数ひずみ曲線

に多点拘束し、その独立節点に強制変位を与えた。くびれのような現象を再現するには初期不整が必要であり、図中左下の薄墨部分の要素の節点を板厚方向に１％減少するように節点座標を調整した。

解析結果の荷重―対数ひずみ曲線を**図 2.11** に示す。横軸は、強制変位を与えている独立節点の変位から算出した対数ひずみであり、縦軸の引張力は独立節点の反力の４倍である。$\varepsilon=n=0.2$ で拡散くびれが発生し、その後局部くびれは $\varepsilon=2n=0.4$ となっていることを示している。**図 2.12** に局部くびれが発生する変位での板厚方向のひずみ分布を示す。解析でのくびれの角度は 59.5° となり、絶対値では理論解よりも大きいが９％の誤差内に収まっており、強い非線形現象のモデルでの解析結果としては十分な精度が得られているといえる。

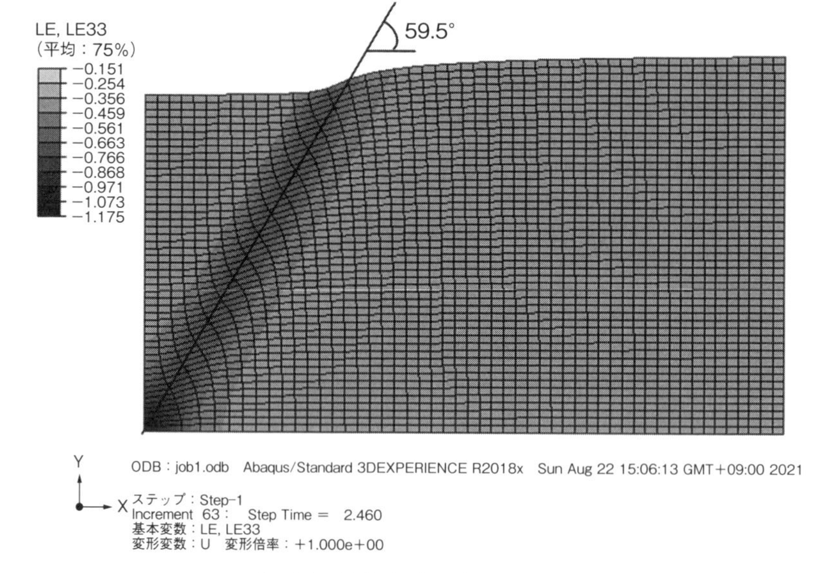

図 2.12　局部くびれ（$\varepsilon=2n=0.4$）

式(1.86)の n 乗硬化則は理論解を導出するには適しているが、塑性ひずみがゼロのとき応力もゼロとなるので、弾塑性解析の初期降伏応力を表しにくいという難点があります。したがって、FEM では式(1.88)の Swift 則に $\varepsilon_0=0.002$ つまり 0.2 %耐力相当として加工硬化曲線を与える手法が多用され、本例も式(2.21)のように扱いました。

2.3　線形移動硬化則

2.3.1　線形移動硬化則

移動硬化則については 1.4.4 項で触れたとおり、降伏曲面はその大きさを変えずに移動のみ行われるとする考え方である。このモデルにより単軸負荷の解析を行うと、$d\sigma/d\varepsilon^p = h$（一定）となり、**図 2.13** の破線に示すように単軸応力-ひずみ曲線の降伏後の傾きは一定値となる。線形であり背応力の数も１個であるので、構成則としては単純でプログラミングにおいても容易に組み込める。簡単な手法としてプラガー（Prager[2]）の線形移動硬化則があり、降伏曲面の移動すなわち背応力は次式のように塑性ひずみに線形比例すると仮定される。h は塑性係数であり、一定であるので線形移動硬化則となる。

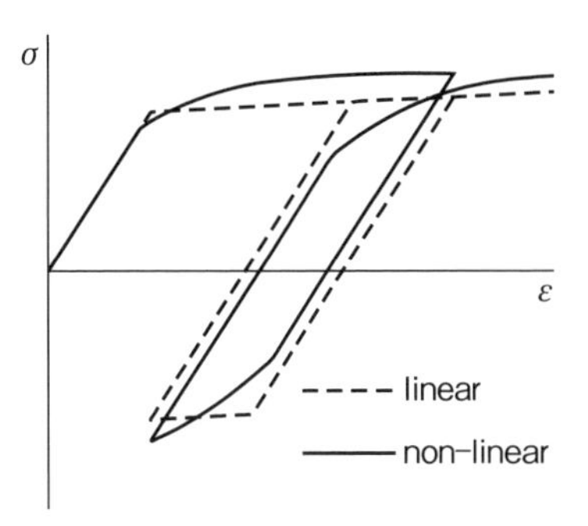

図 2.13　移動硬化則

$$\dot{\alpha}_{ij} = \frac{2}{3} h \dot{\varepsilon}^p_{ij} \tag{2.22}$$

Prager 則では、弾性から塑性への遷移が逐次増加でなく直線になることが欠点とされている。これに対して次式のツィーグラー則（Ziegler[3]）では、背応力（中心）と負荷応力を結ぶ方向に中心の移動が生じると仮定される。

$$\dot{\alpha}_{ij} = \frac{C}{\sigma^y} (\sigma_{ij} - \alpha_{ij}) \dot{\varepsilon}^p \tag{2.23}$$

ここで、C は一定値の材料パラメータ、σ^y は初期降伏応力である。

Prager 則と Ziegler 則の違いを**図 2.14** に示す。両者ともに σ_1 方向に引張負荷を与えた後、90° 折り曲げた σ_2 方向に圧縮負荷を与えた結果である。■のシンボルが降伏曲面の中心であり、○が応力点である。Prager 則では中心点から応

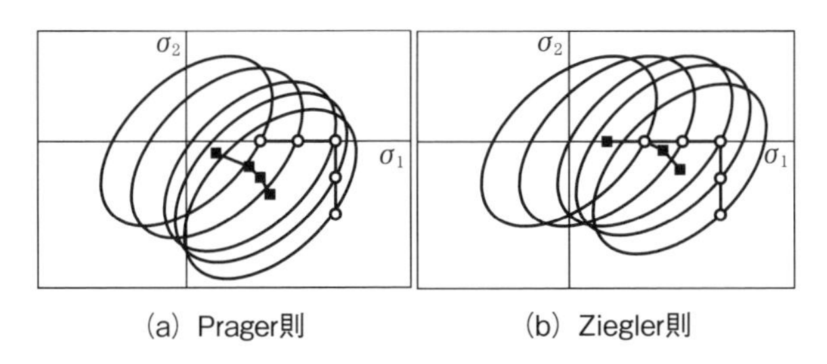

(a) Prager則　　(b) Ziegler則

図 2.14　移動硬化則の違い

力点へ曲面が移動しており、曲面の垂直方向へ移動している。一方、Ziegler 則では中心の移動が中心と負荷応力を結ぶ方向に生じている。

2.3.2　例題（鋼製円形変断面橋脚の繰り返し負荷）

社会インフラに重要な橋脚において、鋼製円形変断面橋脚の耐震性能、特に終局における座屈変形状態を調べるために、数多くの大型模型供試体を用いた交番載荷実験が行われており、多くの有限要素解析による検討も行われている[4]。有限要素解析では、鋼材料の材料モデルの定式化や要素分割の影響などが重要視されている。本例では、弾塑性体の等方硬化則と線形移動硬化則に的を絞って、その違いについて検討する。

構造物の諸元および有限要素モデルを**図 2.15** に示す。高さによって板厚が変化する変断面を四角形シェル要素で対称性を利用して 1/2 モデルでメッシュ分割する。材料物性値として、ヤング率 $E=200000$[MPa]、ポアソン比 $\nu=0.3$、初期降伏応力 $\sigma^y=200$[MPa]、塑性係数 $H=2000$[MPa] として、等方硬化則と線形移動硬化則の 2 種類の計算を行う。Abaqus では塑性係数を直接入力できないので、Box 2.2 に示すように初期降伏応力とひずみ 1.0 での 2 点直線で塑性係数を与える。図 2.15 最下部の節点に完全拘束条件を設定する。橋脚を片持ち梁として想定した場合の初期降伏荷重を Hy、その時の水平変位を δy とすると、本例では Hy＝2.0E6[N]、δy＝80[mm] となる。橋脚最上部に水平変位 δ の振幅が 0 → +δy → −δy → +2δy → −2δy →… と漸次増加するように 6 倍までの交番の水平変位を与える。なお、境界条件としては最上部の節点に対して MPC 拘束を設定し、そのコントロール節点に交番の強制変位を与えた。

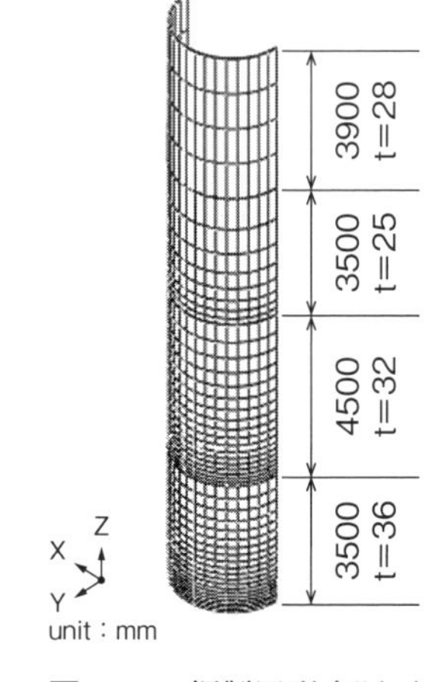

図 2.15　鋼製円形変断面橋脚

コントロール節点の反力を初期降伏荷重 Hy で正

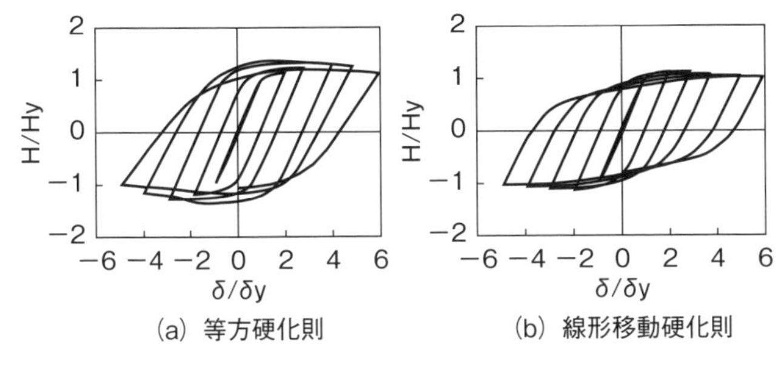

(a) 等方硬化則　(b) 線形移動硬化則

図 2.16　正規化した荷重変位曲線

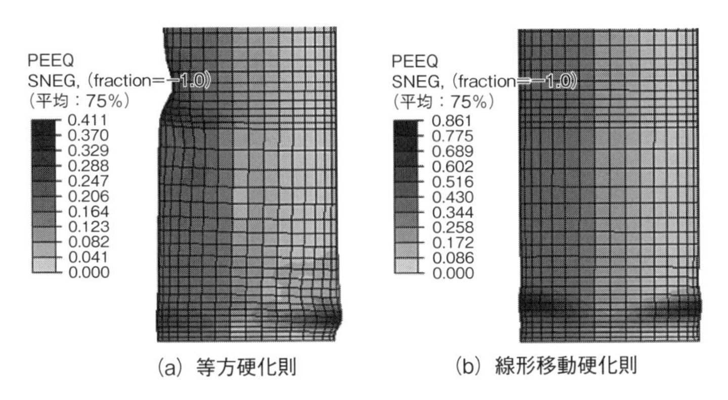

(a) 等方硬化則　(b) 線形移動硬化則

図 2.17　相当塑性ひずみ分布と変形図

規化した値を縦軸に、節点変位を初期降伏変位 δy で正規化した値を横軸とした解析結果を**図 2.16** に示す。等方硬化則の方が大きい荷重値となっている。一般に金属材料は移動硬化則に近い挙動を示すので、等方硬化則での計算結果を正とすると安全側の設計となってしまうことを示している。最終状態の塑性ひずみ分布と変形状態を**図 2.17** に示す。等方硬化則では変断面部分で座屈変形が見られるが、移動硬化則では下部にて大きな塑性ひずみが累積している。

本例では、数値実験として等方硬化則と線形移動硬化則の違いを確認した。単純な線形移動硬化則を適用するだけでも、等方硬化則と大きく異なる解析結果が得られたことから硬化則の選択が重要であることが理解できた。しかし、実用上では座屈変形はメッシュ分割に敏感であるのでその分割を検討しなければならない。さらに、実際の材料は線形ではなく、次節で説明する非線形移動硬化則に近い挙動をとるので、どのような硬化則が適切であるかを検討することが重要である。

Box 2.2　線形移動硬化則の入力データ

```
*MATERIAL, NAME=LINEAR-KINEMATIC
*ELASTIC
200000.0, 0.3
**    E   ,    ν,
*PLASTIC, HARDENING=KINEMATIC       **線形移動硬化則の指定
 200.0, 0.0
2200.0, 1.0
```

2.4　混合硬化則（Chabocheモデル）

2.4.1　非線形移動硬化則

混合硬化則（複合硬化則ともいう）は繰り返し負荷における実現象を表すための硬化則である。金属の引張と圧縮の繰り返し負荷において、最初の数サイクルの間、材料は等方硬化分として降伏曲面の大きさが増大しながら移動硬化を伴い、最終的に等方硬化による降伏曲面の増大は漸近し、移動硬化のみの挙動となることが知られている。さらに移動硬化分は前節と異なり、非線形となる。アームストロングとフレデリック（Armstrong & Frederick[5]）は、ひずみ硬化の動的回復を考慮することにより、式(2.22)の線形移動硬化モデルを次式のように拡張し、後のシャボッシュら（Chaboche[6], Lemaitre & Chaboche[7]）に継承された。

$$\dot{\alpha}_{ij}=\frac{2}{3}h\dot{\varepsilon}_{ij}^{p}-\gamma\alpha_{ij}\dot{\bar{\varepsilon}}^{p} \tag{2.24}$$

上式を式(2.23)の線形移動硬化則と同様にZiegler則で書き換えれば次式となる。

$$\dot{\alpha}_{ij}=\frac{C}{\sigma^{y}}(\sigma_{ij}-\alpha_{ij})\dot{\bar{\varepsilon}}^{p}-\gamma\alpha_{ij}\dot{\bar{\varepsilon}}^{p} \tag{2.25}$$

上の2式においてh、Cは剛性（弾性率と同じ単位）を表し、γは塑性ひずみの上昇に伴う減衰パラメータである。σ^{y}は、後の式(2.29)に示す等方硬化分を含むその時点での降伏曲面の大きさを表す。したがって、純粋な移動硬化分のみの挙動の場合、σ^{y}は一定値（初期降伏応力）をとる。上の2式はいずれも1個の背応力のみで記述している。しかし、現実の材料の非線形性を表すには、次式のようにいくつかの背応力を重ね合わせることで精度が向上する。

$$\alpha_{ij}=\sum_{K=1}^{N}\alpha_{ij}^{K} \tag{2.26}$$

冗長ではあるが、式(2.25)を複数の背応力で表記すれば

$$\dot{\alpha}_{ij}^{K}=\frac{C^{K}}{\sigma^{y}}(\sigma_{ij}-\alpha_{ij})\dot{\bar{\varepsilon}}^{p}-\gamma^{K}\alpha_{ij}^{K}\dot{\bar{\varepsilon}}^{p} \tag{2.27}$$

となり、材料パラメータC^{K}とγ^{K}は背応力と同じ個数となる。上式を1/2サイクルで積分し単軸成分のみで表記すれば次式となる。

$$\alpha^{K}=\frac{C^{K}}{\gamma^{K}}\left[1-\exp(-\gamma^{K}\bar{\varepsilon}^{p})\right] \tag{2.28}$$

すなわち、C^{K}/γ^{K}は背応力の漸近値となる。

具体的な例として、$C^{1}=80000$[MPa]、$\gamma^{1}=2000$、$C^{2}=20000$[MPa]、$\gamma^{2}=200$、$C^{3}=2500$[MPa]、$\gamma^{3}=0$としたときの各背応力と総和および応力の推移を**図2.18**に示す。この例では等方硬化による降伏曲面の大きさは変わらないものとし、降伏応力σ^{y}は160[MPa]一定としている。α^{1}は瞬時に減衰し一定の背応力となり、α^{2}はある程度指数関数的に背応力が増加した後一定となる。減衰のないα^{3}は一定の剛性であるので、線形移動硬化則と同じであり移動硬化則の最終的な剛性の傾きを表現する。これらの材料パラメータを用いてAbaqusで計算した結果が×のシンボルプロットであり、理論解の応力—塑性ひずみ曲線

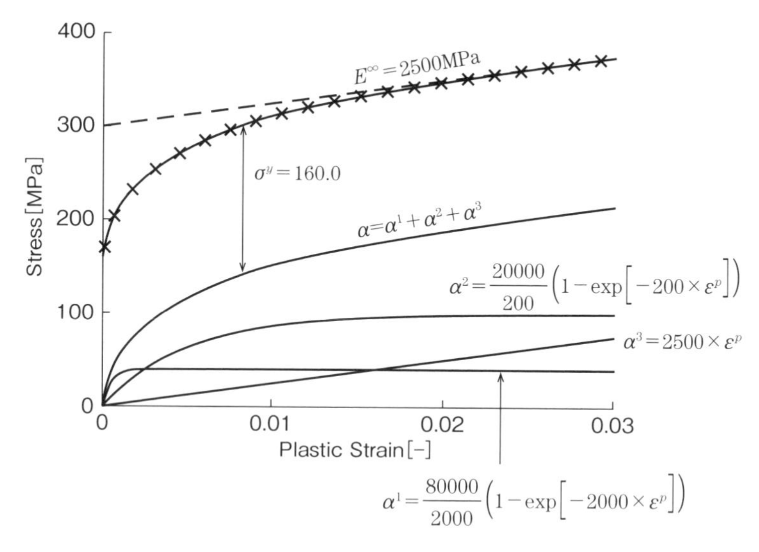

図 2.18　背応力の重ね合わせ

と一致している。この条件での Abaqus の入力データを Box 2.3 に示す。

Box 2.3　非線形移動硬化則の入力データ（図 2.18 の×のシンボルプロット）

```
*MATERIAL, NAME=NONLINEAR-KINEMATIC
*ELASTIC
102500.0, 0.3
**   E   ,     ν,
*PLASTIC, HARDENING=COMBINED, DATATYPE=PARAMETERS,
 NUMBER BACKSTRESSES=3
160.0 , 80000.0, 2000.0, 20000.0,  200.0, 2500.0, 0.0
**   σy,       C1 ,    γ1   ,      C2 ,      γ2 ,    C3   ,     γ3
```

2.4.2　等方硬化分の組み込み

Chaboche らは、混合硬化則での等方硬化分には次式を適用した。

$$\sigma^y=\sigma^0+Q[1-\exp(-b\bar{\varepsilon}^p)] \tag{2.29}$$

ここで、σ^0 は初期降伏応力、Q と b は材料パラメータである。式(2.28)と同じ考え方の元で、Q は等方硬化分の降伏曲面の大きさの漸近値であり、b は繰り返しの塑性ひずみの増大に伴う減衰速度となる。

2.4.3　例題（移動硬化則と等方硬化則の違い）

混合硬化則を使用するには、引張圧縮の交番ひずみを与える材料試験を行い、その応力―ひずみ曲線から材料パラメータを同定する必要がある。その手順については次項にて説明する。本節では、引張試験結果のみが存在する状況にて移動硬化による Bauschinger 効果などを簡易的に得たい例と等方硬化則との違いについて説明する。純粋な移動硬化則では、等方硬化分による曲面の拡大は含まれないことに注意されたい。

本例では、2.4.1 項で例示した解析結果を使用する。すなわち、Chaboche の材料パラメータを与えた移動硬化則で得られた図 2.18 の応力―塑性ひずみの解析結果（×のシンボルプロット）を引張試験結果として仮定する。これは 1/2 サイクルでの材料試験結果を意味する。すなわち、1 方向の引張試験の応力―塑性ひずみ曲線から指定された背応力の個数の線図に分解して、式(2.27)の C^K と γ^K を同定しなければならない。本例では、Abaqus の同定機能を使ってひずみ量 0.02 の繰り返し変位を 2.2.2 項の 1 要素軸対称モデルに作用させる。同定する背応力の個数を 3 個とした移動硬化則での材料モデル定義を Box 2.4 に示す。背応力の数は任意であるが、3 個程度が実用的である。それ以上多くても大差はないが、1 個では少なすぎる。硬化則の違いを見るために、本例では同じ加工硬化曲線を使って、等方硬化則と移動硬化則（背応力の数は 3 個と 1 個）の 3 ケースの計算を行った。

解析結果を**図 2.19** に示す。長破線の等方硬化則では繰り返しに伴い曲面が拡大しており、実線と点線の移動硬化則では曲面の拡大は見られない。実線は背応力を 3 個とした結果であり、点線は 1 個の背応力の結果である。背応力が 1 個の場合は元の曲線と若干ずれた結果となっている。

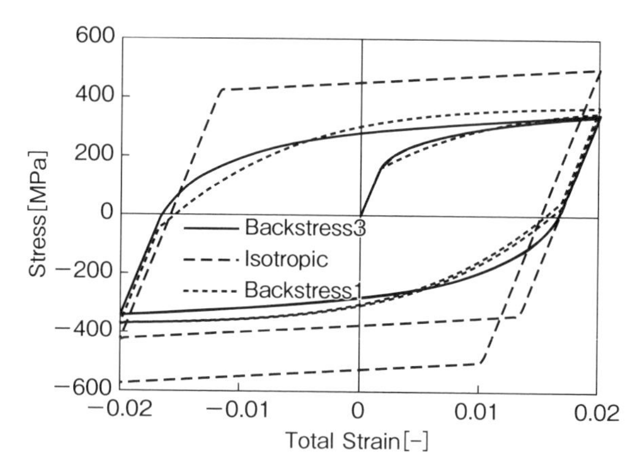

図 2.19 交番変位の解析結果

KINEMATIC	COMPONENT		
YIELD STRESS	BACKSTRESS(i)	PARAMETER Ci	PARAMETER GAMMAi
	1	2500.0	0.0000
	2	20002.	200.01
160.00	3	80053.	2001.5

図 2.20 Abaqus の材料パラメータ同定結果

1/2 サイクルの応力―塑性ひずみデータ点から、背応力 3 個で Abaqus が同定した Chaboche の材料パラメータの数値を**図 2.20** に示す。本例では、2.4.1 項で与えた材料パラメータとほぼ同じ値が同定されている。

Abaqus を使える環境にある方は背応力の数を 2 個とか 4 個とかにすると、どのように同定されるのかを試してみてください。

Box 2.4　1/2 サイクルの応力—塑性ひずみの区分点による非線形移動硬化則

```
*MATERIAL, NAME=HALF-CYCLE
*ELASTIC
102500.0, 0.3
**   E  ,    ν,
*PLASTIC, HARDENING=COMBINED, DATA TYPE=HALF CYCLE,
NUMBER BACKSTRESSES=3
 160.0,   0.0
 203.811, 0.00067146
 232.211, 0.00172444
***  途中省略
 388.417, 0.0354005
 390.406, 0.0361912
```

2.4.4　例題（実験データからの材料パラメータ同定）

銅の一定全ひずみ幅（$\Delta\varepsilon=0.015$）による試験データを**図 2.21** に示す。弾性定数は別途計測されており、ヤング率 $E=104000$[MPa]、ポアソン比 $\nu=0.3$ である。この実験データから混合硬化則として扱えるように材料パラメータを同

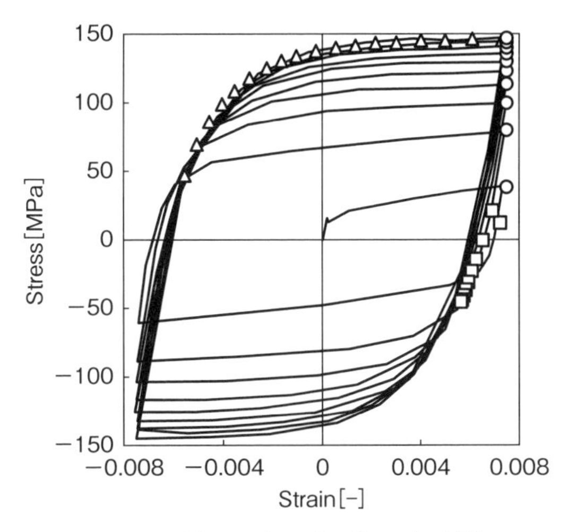

図 2.21　銅の一定ひずみ繰り返し試験

	A	B	C	D	E	F	G	H	I
1	E	104000	0.006						
2	Δ ε	0.015							
3	Δ ε pl	0.014266							
4									
5	*PLASTIC								
6	σ	ε	ε P		Cycle	σ t	σ c	*CYCLIC	HARDENING
7	46.94	−0.00555	0		0	38.18182	12.18182	13	0
8	69.556	−0.00506	0.000273		1	38.18182	12.18182	13	0.0071329
9	85.974	−0.00456	0.000615		2	79.77273	21.03273	29.37	0.0356643
10	99.02	−0.00405	0.000999		3	99.88636	−0.37364	50.13	0.0641958
11	108.46	−0.00355	0.001409		4	113.5227	−14.2973	63.91	0.0927273
12	117.69	−0.00295	0.00192		5	123.0682	−22.9518	73.01	0.1212587
13	125	−0.00225	0.002549		6	130.2273	−31.2927	80.76	0.1497902
14	130.4	−0.00166	0.003088		7	135.6818	−36.8182	86.25	0.1783217
15	133.86	−0.00105	0.003664		8	140.1136	−40.8824	90.498	0.2068531
16	137.49	−0.00026	0.004419		9	143.8636	−44.0364	93.95	0.2353846
17	139.86	0.000541	0.005197		10	146.9318	−45.3782	96.155	0.2639161
18	141.32	0.001341	0.005983						
19	143.2	0.002151	0.006774						
20	143.53	0.003021	0.007641						

図 2.22　Excel によるデータ処理

定する手順を以降で説明する。

まず、移動硬化則分については図 2.21 の△のシンボルプロットで示される最後の安定したサイクルにおける応力とひずみを抜き出す。**図 2.22** の A、B 列に数値が入力されている。B 列は全ひずみであるので、ヤング率と補正係数を使って

$$\bar{\varepsilon}^p = \varepsilon - \frac{\sigma}{E} + c \tag{2.30}$$

より C 列に塑性ひずみとして保管される。ここで c は最初の塑性ひずみをゼロにするための補正係数で、C1 セルに入力されている。この A、C 列を移動硬化分の安定した応力—塑性ひずみ曲線として入力する。やはり、Abaqus の同定機能を用いて、式(2.27)のパラメータ C^K と γ^K を算出する。本事例では背応力の数は 2 個とした。

次に、等方硬化分は繰り返しサイクル i における図 2.21 の○のシンボルプロットで示される引張応力の点 σ_i^t と□のシンボルプロットで示される圧縮応力の点 σ_i^c を抽出し、それぞれ F、G 列に入力する。等方硬化分の応力は移動硬化分（背応力）を引くことによって得られるので、各サイクルの等方硬化分の応

力は

$$\sigma_i = \sigma_i^{\,t} - \alpha_i = \sigma_i^{\,t} - \frac{\sigma_i^{\,t} + \sigma_i^{\,c}}{2} \tag{2.31}$$

となり、H 列に保管される。この等方硬化分に対応する塑性ひずみの計算は次の手順となる。材料の弾性係数は硬化係数に比べて大きいため、塑性ひずみ幅は

$$\Delta\varepsilon^p \approx \Delta\varepsilon - 2\frac{\sigma_1^{\,t}}{E} = 0.015 - 2\frac{38.1818}{104000} = 0.014266 \tag{2.32}$$

と見積もることができる。この塑性ひずみ幅を使って、塑性ひずみは i サイクルごとに

$$\bar{\varepsilon}_i^{\,p} = \frac{1}{2}(4i-3)\Delta\varepsilon^p \tag{2.33}$$

となり、I 列に保管される。この H、I 列を等方硬化分の応力―塑性ひずみ曲線として入力する。あるいは、この等方硬化分に対して式(2.29)のパラメータを最小自乗法で求めると、$\sigma^0 = 13.0$、$Q = 99.38$、$b = 7.3018$ が得られる。本例はこの材料パラメータを適用した。

Abaqus の入力データを Box 2.5 に、解析結果を**図 2.23** に示す。1 サイクル目

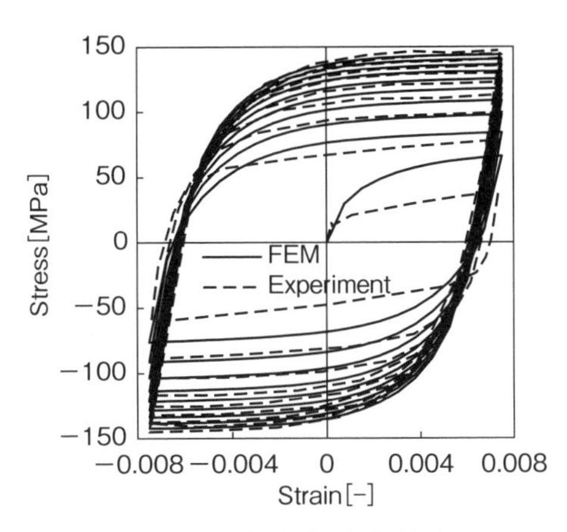

図 2.23　実験値と解析結果

は差があるが、それ以降の繰り返しにおける応力—ひずみ状態を模擬できている。

Box 2.5　銅の混合硬化則の入力データ

```
*MATERIAL, NAME=COPPER-PARAMETER
*ELASTIC
104000.0, 0.3
**   E  ,  ν,
*PLASTIC, HARDENING=COMBINED, DATATYPE=STABILIZED,
 NUMBER BACKSTRESSES=2
** 安定化サイクルとして、以下に移動硬化分の応力－塑性ひずみを入力。背応力の数は2
  46.94, 0.0
 69.556, 0.00027253
**  途中省略
 146.17, 0.010706
 145.37, 0.011914
*CYCLIC HARDENING, PARAMETERS      ** 等方硬化分のパラメータ定義
 13.0,  99.38, 7.3018
** σ0,     Q  ,    b
```

2.5　サブレイヤモデル（多線形移動硬化則）

2.5.1　サブレイヤモデル

Bauschinger効果などを数値計算で得るための移動硬化則のモデルとして、前節のChabocheモデルの他にベッセリング（Besseling[8]）が提案したのがサブレイヤモデルである。サブレイヤモデルは、異なる降伏応力をもった複数の弾完全塑性体を並列で結合させるという考え方に基づいている。個々の弾完全塑性体をサブレイヤまたはサブエレメントあるいはサブボリュームという。**図2.24**のようにモデル全体の応力—塑性ひずみ曲線を多直線で近似するので、多

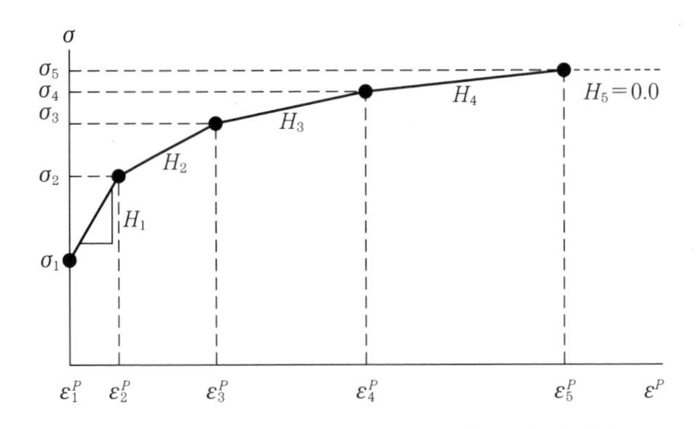

図 2.24　区分点による応力―塑性ひずみの多線形表示

線形移動硬化モデル（multilinear kinematic）ともいわれる。入力するデータは、●のプロットで示される塑性ひずみと応力値である。

全てのサブエレメントの弾性定数は同じであり、せん断弾性率を μ としたとき、k 番目のサブエレメントの降伏応力 Y_k は式(2.34)で定義され、重み係数 w_k は式(2.35)で定義される。

$$Y_k = \sigma_k + 3\mu\varepsilon_k^p \tag{2.34}$$

$$w_k = \frac{3\mu}{3\mu + H_k} - \sum_{i=1}^{k-1} w_i \tag{2.35}$$

ここで、H_k は区分点から得られるひずみ硬化率である。

$$H_k = \frac{\sigma_{k+1} - \sigma_k}{\varepsilon_{k+1}^p - \varepsilon_k^p} \tag{2.36}$$

最後のひずみ硬化率は弾完全塑性となるので、かならずゼロとなる。($H_n = 0.0$)
重み係数 w_k は、それぞれのサブエレメントの面積または体積を表し、総和は1.0となる。

具体的な応力と塑性ひずみの数値例を**表 2.1** の第 1、2 列に、その値からの各要素のひずみ硬化率、重み係数、降伏応力を第 3 から 5 列に示す。最も若い番号のサブエレメントがすぐに降伏するがその受け持つ面積は大きく、最後のサブエレメントの降伏応力は大きいがその負担分は小さいということが理解でき

表 2.1　応力―塑性ひずみの入力値と係数の計算結果

σ_k	ε_k^p	H_k	w_k	Y_k
200	0.0	32000	0.862069	200
360	0.005	10000	0.090312	1360
460	0.015	4000	0.028011	3460
520	0.03	2000	0.009707	6520
560	0.05	0	0.009901	10560

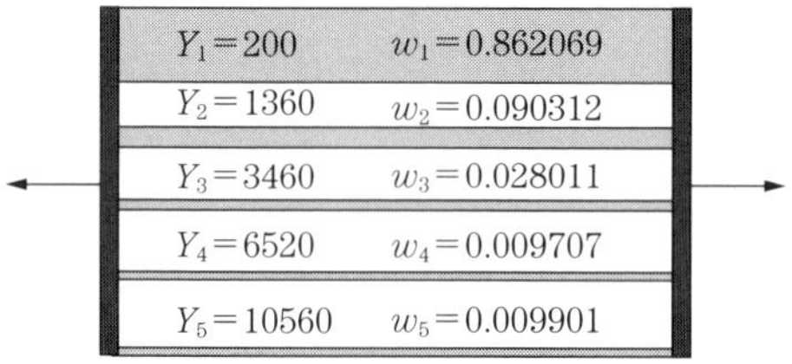

$Y_1=200$　$w_1=0.862069$
$Y_2=1360$　$w_2=0.090312$
$Y_3=3460$　$w_3=0.028011$
$Y_4=6520$　$w_4=0.009707$
$Y_5=10560$　$w_5=0.009901$

図 2.25　5 個のトラス要素による並列モデル

る。なお、この計算では $3\mu=200000$ とした。モデルはすぐに塑性化するので非圧縮であり、ポアソン比 $\nu=0.5$ とすれば表 1.1 より

$$\mu=\frac{E}{2(1+\nu)}=\frac{E}{3} \tag{2.37}$$

であるので、3μ はヤング率を表すと考えてよい。具体的な多線形移動硬化モデルの Abaqus 入力例を Box 2.6 に示す。それと等価な 5 個のトラス要素の並列モデルの模式図を**図 2.25** に、Abaqus 入力データを Box 2.7 に示す。図 2.25 では、薄墨で示す面積と降伏応力の異なる 5 本のトラスが変列接続されており、左右の端点の x 方向自由度が同一となる拘束条件が設定されている。Box 2.6 の Abaqus の入力データを 2.2.2 項の 1 要素軸対称モデルに与えて単純引張を与えた結果と 5 個の並列モデルの結果は、同一となることをサンプルデータで確認できる。並列モデルでは、若い番号の要素から順に降伏していく様子も確認できる。いずれの解析結果も、図 2.24 と同じ多直線の応力―塑性ひずみ線図となる。

Box 2.6　多線形移動硬化モデルの入力データ

```
*MATERIAL, NAME=MULTILINEAR
*ELASTIC
200000.0, 0.49
**    E  ,     ν,
*PLASTIC, HARDENING=MULTILINEAR KINEMATIC
200.0, 0.0
360.0, 0.005
460.0, 0.015
520.0, 0.03
560.0, 0.05
```

Box 2.7　多線形移動硬化モデルと等価な並列トラスモデル

```
*HEADING
**          サブボリューム１の要素定義
*NODE
 1, 0.0,  0.0
 2, 1.0,  0.0
*ELEMENT, TYPE=T2D2, ELSET=SUB1
 1, 1, 2
*SOLID SECTION, ELSET=SUB1, MATERIAL=SUB1
0.862069,        ** 断面積 以降のサブボリュームで減少していることに注意
*MATERIAL, NAME=SUB1
*ELASTIC
200000.0,
*PLASTIC
200.0, 0.0       ** 以降のサブボリュームで降伏応力が増大していることに注意
**          サブボリューム２の要素定義
*NODE
 3, 0.0, -0.1
 4, 1.0, -0.1
*ELEMENT, TYPE=T2D2, ELSET=SUB2
 2, 3, 4
*SOLID SECTION, ELSET=SUB2, MATERIAL=SUB2
0.090312,
*MATERIAL, NAME=SUB2
```

```
*ELASTIC
200000.0,
*PLASTIC
1360.0, 0.0
**         サブボリューム3の要素定義
*NODE
 5, 0.0, -0.2
 6, 1.0, -0.2
*ELEMENT, TYPE=T2D2, ELSET=SUB3
 3, 5, 6
*SOLID SECTION, ELSET=SUB3, MATERIAL=SUB3
0.0280112,
*MATERIAL, NAME=SUB3
*ELASTIC
200000.0,
*PLASTIC
3460.0, 0.0
**         サブボリューム4の要素定義
*NODE
 7, 0.0, -0.3
 8, 1.0, -0.3
*ELEMENT, TYPE=T2D2, ELSET=SUB4
 4, 7, 8
*SOLID SECTION, ELSET=SUB4, MATERIAL=SUB4
0.00970685,
*MATERIAL, NAME=SUB4
*ELASTIC
200000.0,
*PLASTIC
6520.0, 0.0
**         サブボリューム5の要素定義
*NODE
 9, 0.0, -0.4
 10,1.0, -0.4
*ELEMENT, TYPE=T2D2, ELSET=SUB5
 5, 9, 10
*SOLID SECTION, ELSET=SUB5, MATERIAL=SUB5
0.00990099,
*MATERIAL, NAME=SUB5
```

```
*ELASTIC
200000.0,
*PLASTIC
10560.0, 0.0
*NSET, NSET=NALL, GENERATE
 1, 10
*NSET, NSET=R-LHS
 5,
*NSET, NSET=R-RHS
 6,
*NSET, NSET=T-LHS
 1, 3, 7, 9
*NSET, NSET=T-RHS
 2, 4, 8, 10
*EQUATION                ** 左側節点群の線形方程式拘束
2
T-LHS, 1,  1.0
R-LHS, 1, -1.0
*EQUATION                ** 右側節点群の線形方程式拘束
2
T-RHS, 1,  1.0
R-RHS, 1, -1.0
*AMPLITUDE, NAME=AMP1
  0.0,  0.0,    1.0, 0.001,  2.0, 0.0068, 3.0, 0.0173
  4.0,  0.0326, 5.0, 0.0528
** ---------------------------
*STEP, NAME=STEP-1, NLGEOM=NO      ** 微小ひずみ理論
*STATIC, DIRECT                    ** 静的解析
1.0, 5.0,
*BOUNDARY
NALL,  2, 2                        ** 全節点のy方向自由度拘束
R-LHS, 1, 1                        ** 左側の節点群のｘ方向自由度拘束
*BOUNDARY, AMPLITUDE=AMP1          ** 右側の節点群に強制変位を与える
R-RHS, 1, 1, 1.0
*OUTPUT, FIELD, VARIABLE=PRESELECT
*OUTPUT, HISTORY
*NODE OUTPUT, NSET=R-RHS
RF1, U1
*END STEP
```

この例では時間変化曲線（*AMPLITUDE）で与えている強制変位の量に着目してください。たとえば時間点 3.0（インクリメント 3）での全変位は、表 2.1 を参照して $\varepsilon = \varepsilon^{e} + \varepsilon^{p} = \frac{460}{200000} + 0.015 = 0.0173$ となっています。

2.5.2 例題（非線形移動硬化則と多線形移動硬化則の違い）

非線形移動硬化則と多線形移動硬化則は似たような挙動を示すが、変位制御と荷重制御では大きな違いがあることを本項にて例示する。前項で示した応力—塑性ひずみを Box 2.8 に示す 5 点入力の 1/2 サイクルでの非線形移動硬化則を適用し同定する背応力の数は 3 個として与えたモデルと、Box 2.6 の多線形移動硬化モデルとの比較を行う。メッシュは 2.2.2 項の 1 要素軸対称モデルを使用する。これらの解析モデルに対して、全ひずみ幅 0.04 の繰り返し変位を与えた結果を**図 2.26** に、最大（400 MPa）と最小（−100 MPa）の値が異なる繰り返し荷重条件を与えた結果を**図 2.27** に示す。いずれも、非線形移動硬化則の結

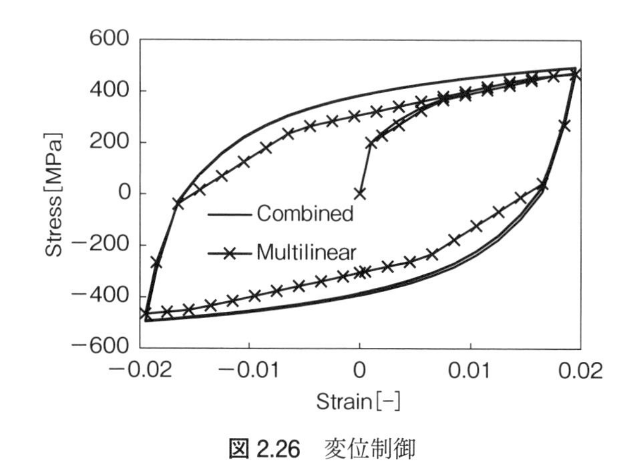

図 2.26 変位制御

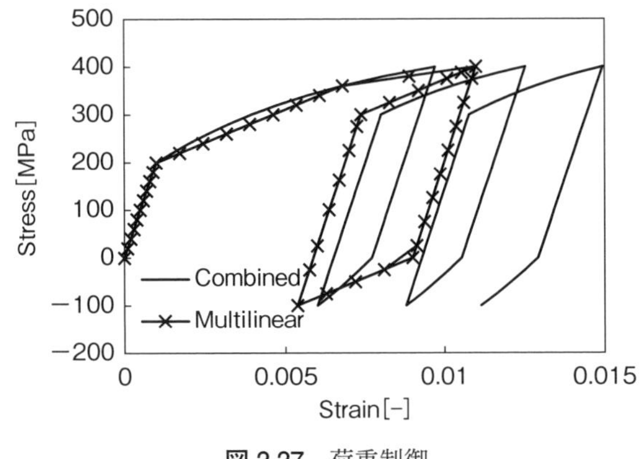

図 2.27　荷重制御

果を実線で、多線形移動硬化則の結果を×のシンボルプロット付きの実線で示す。一般に繰り返し荷重条件において $|\sigma_{max}|>|\sigma_{min}|$ の場合は、各応力サイクルでほぼ一定の塑性ひずみが蓄積され構造物としては危険な現象となり、これをラチェット変形（ratchetting）という。

図2.26の交番の変位制御の場合は、それほど差はなく多線形と非線形硬化則の違いがわずかに見られるだけである。しかし、図2.27の最大最小値の異なる繰り返し荷重条件下において、非線形移動硬化モデルはひずみが増大していくラチェット変形を再現できるが、サブレイヤモデルの概念に基づく多線形移動硬化モデルではラチェット変形を表現できず、ひずみは一定幅で安定し同じループを繰り返すのみとなることに注意されたい。

Box 2.8　1/2 サイクルでの非線形移動硬化モデル

```
*MATERIAL, NAME=COMBINED
*ELASTIC
200000.0, 0.49
**   E  ,    ν,
*PLASTIC, HARDENING=COMBINED, DATA TYPE=HALF CYCLE,
NUMBER BACKSTRESSES=3
200.0, 0.0
```

```
360.0, 0.005
460.0, 0.015
520.0, 0.03
560.0, 0.05
```

2.6 全ひずみ理論（変形理論）

2.6.1 Ramberg-Osgoodモデル

式(1.99)の流れ理論に基づく増分ひずみ理論（incremental strain theory）では、2.4節や2.5節で示したような除荷や繰り返し負荷に対して有効であることが示された。これに対し全ひずみ理論（total strain theory）では、全塑性ひずみ ε_{ij}^{p} と偏差応力 s_{ij} の方向が一致すると仮定する。

$$\varepsilon_{ij}^{p}=\lambda s_{ij} \tag{2.38}$$

ここで、

$$\lambda=\frac{3}{2}\frac{\bar{\varepsilon}^{p}}{\bar{\sigma}} \tag{2.39}$$

であり、$\bar{\varepsilon}^{p}$ は式(1.95)の相当塑性ひずみ、$\bar{\sigma}$ は式(1.25)の相当応力である。一般に増分ひずみ理論の方が正しい解析結果が得られるといわれるが、負荷が単調な場合、すなわちモデルの一部が全面塑性状態となるような微小変形の静的問題や破壊力学への適用などに全ひずみ理論の有効性が示される。なぜなら、増分理論に比較して全ひずみ理論の方が計算ステップ数は比較的小さいからである。全ひずみ理論は、変形理論（deformation theory）ともいわれる。

全ひずみ理論の塑性構成則としてランベルグ・オズグッド（Ramberg & Osgood[9]）モデルがある。これは炭素鋼やアルミなどの明瞭な降伏点を持たない材料の応力—ひずみ曲線を3つのパラメータで表すことができる構成則である。単軸状態で表記すると、応力 σ と全ひずみ ε は、ヤング率 E、係数 K、べき数 n の3つのパラメータにより次式で表される。

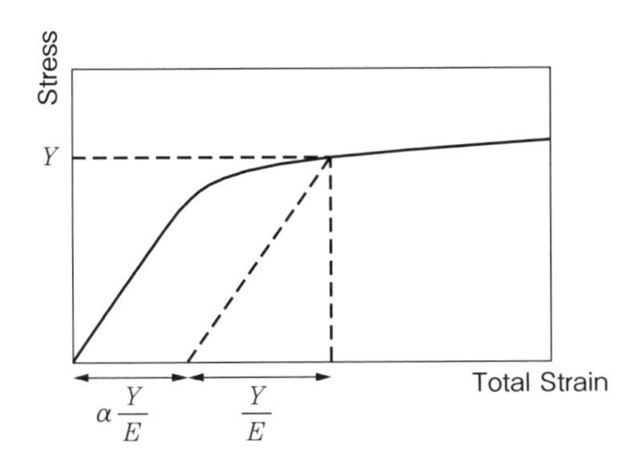

図 2.28　Ramberg–Osgood モデル

$$\varepsilon = \frac{\sigma}{E} + K\left(\frac{\sigma}{E}\right)^n \tag{2.40}$$

つまり、右辺第１項が弾性ひずみを表し、第２項が塑性ひずみを表している。K と n が塑性の硬化を表現するパラメータであるが、この数式には降伏応力がないので、初期降伏応力 Y を使って新しいパラメータ $\alpha = K/(Y/E)^{n-1}$ を導入すれば、

$$\varepsilon = \frac{\sigma}{E} + \alpha\frac{\sigma}{E}\left(\frac{\sigma}{Y}\right)^{n-1} \tag{2.41}$$

と書き換えられる。係数 K の代わりに初期降伏応力 Y と降伏オフセット α の２つのパラメータに増えるが、式(2.41)の σ に Y を代入すれば、**図 2.28** を参照して Y はいわゆる 0.2 %耐力を適用し、

$$\alpha = 0.002\frac{E}{Y} \tag{2.42}$$

がおおよその目安として実験から同定できる。残るパラメータのべき数 n の導出は次項で述べる。

2.6.2　例題（アルミの単軸引張）

2.2.2 項の１要素軸対称モデルを使って、アルミを想定しヤング率 $E = 70000$

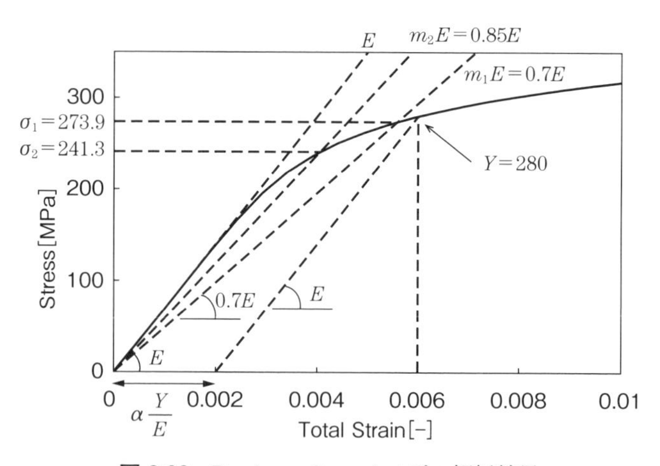

図 2.29 Ramberg–Osgood モデル解析結果

[MPa]、ポアソン比 $\nu=0.3$、降伏応力 $Y=280$[MPa]、べき数 $n=8$、塑性オフセット $\alpha=0.5$ とした Box 2.9 に示す Abaqus での Ramberg–Osgood モデルを適用した単軸引張解析の結果を**図 2.29** の実線で示す。降伏オフセット α の調整により入力した降伏応力が 0.2 %耐力として扱われている。

Box 2.9　Ramberg–Osgood モデル入力データ

```
*MATERIAL, NAME=RAMBERG-OSGOOD
*DEFORMATION PLASTICITY
70000.0,  0.3,  280.0,  8.0,  0.5
**  E  ,    ν,     Y ,   n ,   α
```

では逆説的であるが、有限要素法による計算結果の図2.29の実線が実験結果であるとしてパラメータの同定を示してみよう。まずヤング率 E は最初の直線的な傾きから単純に得られる。0.2 %耐力を降伏応力とするのであれば、ひずみ 0.002 からヤング率の傾きと実験結果の実線の交点を降伏応力 Y とすればよい。この例では 280[MPa] となる。降伏オフセット α は式(2.42)より得られる。

最後のパラメータとして硬化曲線のべき数 n を求めるためには、次の手順をとる。ヤング率を m_1（$0<m_1<1$）だけ小さくした割線（secant）の m_1E と実験曲線との交点の応力を σ_1、ひずみを ε_1 とすれば次式が成り立つ。

$$\varepsilon_1=\frac{\sigma_1}{m_1E}=\frac{\sigma_1}{E}+K\left(\frac{\sigma_1}{E}\right)^n \tag{2.43}$$

上式の第２項と３項を σ_1/E で割ってまとめれば、次の関係が得られる。

$$K\left(\frac{\sigma_1}{E}\right)^{n-1}=\frac{1-m_1}{m_1} \tag{2.44}$$

ここで、様々な実験結果と照らし合わせて、m_1 を 0.7 とすれば、おおむね 0.2 %耐力に近いことが示されている。次に 0.7 から 1.0 の間に別の割線 m_2E を定めて、実験曲線との交点の応力を σ_2、ひずみを ε_2 とすればやはり次式が成り立つ。

$$\varepsilon_2=\frac{\sigma_2}{m_2E}=\frac{\sigma_2}{E}+K\left(\frac{\sigma_2}{E}\right)^n \tag{2.45}$$

$$K\left(\frac{\sigma_2}{E}\right)^{n-1}=\frac{1-m_2}{m_2} \tag{2.46}$$

式(2.44)と(2.46)からパラメータ K は

$$K=\left(\frac{1-m_1}{m_1}\right)\left(\frac{\sigma_1}{E}\right)^{1-n}=\left(\frac{1-m_2}{m_2}\right)\left(\frac{\sigma_2}{E}\right)^{1-n} \tag{2.47}$$

となり、

$$\left(\frac{\sigma_1}{\sigma_2}\right)^{1-n}=\frac{\dfrac{1-m_2}{m_2}}{\dfrac{1-m_1}{m_1}}=\frac{m_1}{m_2}\,\frac{1-m_2}{1-m_1} \tag{2.48}$$

の関係が得られる。n について解けば

$$n=1+\frac{\log\dfrac{m_2}{m_1}\,\dfrac{1-m_1}{1-m_2}}{\log\dfrac{\sigma_1}{\sigma_2}} \tag{2.49}$$

となる。既述の通り m_1 は 0.7 が推奨されており、0.7 から 1.0 の中間値として m_2 を 0.85 とすれば、

$$n = 1 + \frac{\log \frac{17}{7}}{\log \frac{\sigma_1}{\sigma_2}} = 1 + \frac{0.3853}{\log \frac{\sigma_1}{\sigma_2}} \tag{2.50}$$

が得られ、実験曲線との交点の応力 σ_1、σ_2 からべき数 n が求まる。実際に、図 2.29 の応力値から n を計算すると

$$n = 1 + \frac{0.3853}{\log \frac{273.9}{241.3}} = 8.001 \tag{2.51}$$

となり、元々の解析入力パラメータ n と同じ値であることが証明された。

2.7 ひずみ速度依存塑性

2.7.1 Cowper–Symondsモデル

金属材料が高ひずみ速度の動的な負荷を受けると、準静的な負荷に比べて著しく降伏応力が上昇することはよく知られている。自動車車体の衝突安全性能あるいは塑性加工の工程を高精度に解析評価するためには、良好な測定精度による高速引張試験とそれを満足する適切なひずみ速度依存塑性（rate dependent plasticity）モデルを構築することが重要である。

有限要素法でひずみ速度依存性の塑性材料を定義するには、ひずみ速度に依存した応力—塑性ひずみ曲線を入力する方法もあるが、ここではクーパーとシモンズ（Cowper & Symonds[10]）が粘塑性の動的挙動を記述した次式を用いたひずみ速度依存材料を説明する。

$$r = \frac{\sigma_d}{\sigma_s} = 1 + \left(\frac{\dot{\varepsilon}^p}{D} \right)^{1/p} \tag{2.52}$$

ここで、r は動的降伏応力 σ_d と静的降伏応力 σ_s の応力比率であり、相当塑性ひずみ速度 $\dot{\varepsilon}^p$ に依存する。D と p が Cowper–Symonds の材料パラメータであ

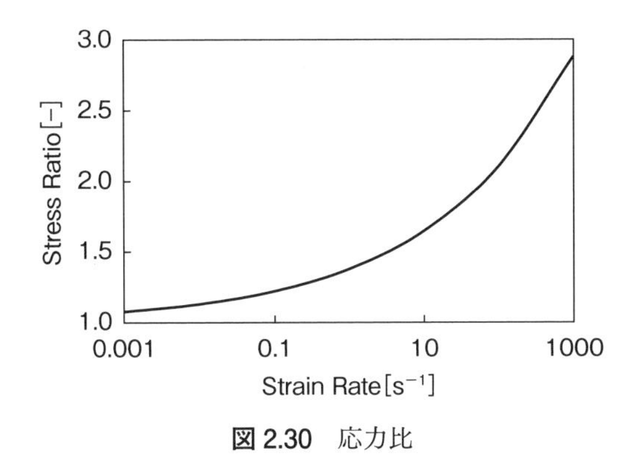

図 2.30　応力比

る。一例として**図 2.30** に $D=66.0$、$p=4.3$ での応力比を示す。ひずみ速度の増大につれて、動的降伏応力も増大することが示されている。

2.7.2　例題（単軸引張の速度依存性）

前項で示した Cowper–Symonds の材料パラメータを使った単軸引張での速度依存性を確認する。静的降伏応力は 1.4.2 項で紹介した Swift の式(1.88)を適用し、$C''=570.0$、$\varepsilon_0=0.006$、$n''=0.3$ とした区分点で与える。2.2.2 項の 1 要素軸対称モデルに対して 0.5[mm] の引張条件を解析時間 0.0005[s] で解析する。すなわちひずみ速度 1000[s^{-1}] を想定する。Abaqus での物性値入力と主要な解析条件を Box 2.10 に示す。本例は静解析で実施しているが、ひずみ速度依存塑性材料を含んでいるので、解析時間は実現象時間として取り扱われることに注意されたい。

静的な条件とひずみ速度 100[s^{-1}] も含めた応力—塑性ひずみの解析結果を**図 2.31** に示す。ひずみ速度が増大するにつれて、応力が増大していることが確認できる。

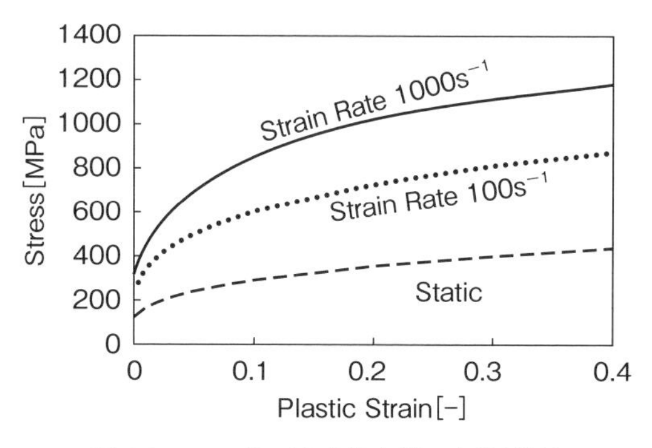

図 2.31　ひずみ速度依存性の解析結果

Box 2.10　Cowper–Symonds のひずみ速度依存性塑性モデル

```
*MATERIAL, NAME=COWPER
*ELASTIC
200000.0, 0.3
*PLASTIC
 122.834, 0.0
 164.858, 0.01
**  途中省略
 434.943, 0.4
 464.644, 0.5
*RATE DEPENDENT, TYPE=POWER LAW    ** Cowper-Symonds の速度依存性
  66.0, 4.3
**   D,  p
*STEP, NLGEOM=YES                  ** 有限変形理論
*STATIC         ** 静解析であるが、解析時間は現象時間となる
     5.0E-06,  5.0E-4,    5.0E-09,  5.0E-05
** 初期時間増分、現象時間、最小時間増分、最大時間増分
*BOUNDARY
1, 1, 2
2, 2, 2
4, 1, 1
4, 2, 2, 0.5                       ** 0.5[mm]の強制変位
```

2.8 Johnson-Cookモデル

▸2.8.1 降伏条件式

高速度での衝突、爆発や成形加工などの動的な荷重条件下において、金属材料は広い範囲でのひずみ、ひずみ速度、温度や圧力環境にさらされる。したがって、このような環境で使用される材料の数値計算を行うには、ひずみ速度依存以外にも高温・高圧を含めた非線形性を的確に捉えられる降伏条件式が望まれる。

ジョンソンとクック（Johnson & Cook[11]）は、降伏応力 Y がひずみ速度と温度に依存する次の降伏条件式を提案した。

$$Y=[A+B(\bar{\varepsilon}^p)^n][1+C\ln(\dot{\varepsilon}^*)][1-(\theta^*)^m] \tag{2.53}$$

ここで、A、B、n、C、m は材料物性値であり、$\bar{\varepsilon}^p$ は相当塑性ひずみである。$\dot{\varepsilon}^*$ と θ^* はそれぞれ次式で示される無次元のひずみ速度と温度である。

$$\dot{\varepsilon}^*=\frac{\dot{\bar{\varepsilon}}^p}{\dot{\varepsilon}_0} \tag{2.54}$$

$$\theta^*=\begin{cases} 0 & (\theta<\theta_{room}) \\ (\theta-\theta_{room})/(\theta_{melt}-\theta_{room}) & (\theta_{room}\leq\theta\leq\theta_{melt}) \\ 1 & (\theta_{melt}<\theta) \end{cases} \tag{2.55}$$

ここで、$\dot{\bar{\varepsilon}}^p$ は相当塑性ひずみ速度であり、$\dot{\varepsilon}_0$ はひずみ速度を無次元化するための材料パラメータであり、通常 $1.0[s^{-1}]$ とされることが多い。θ は材料温度の状態量であり、θ_{room} は室温、θ_{melt} は溶融温度でありそれぞれ材料パラメータである。

さらにJohnsonらの本質的な目的は、高ひずみ速度と高温度における材料の損傷をシミュレーションすることであったので、彼らは材料モデルに損傷条件を組み込んだ。まず、損傷パラメータは次式で定義される。

$$D = \sum \frac{\Delta \bar{\varepsilon}^p}{\bar{\varepsilon}^f} \tag{2.56}$$

ここで、$\Delta \bar{\varepsilon}^p$ は相当塑性ひずみ増分、$\bar{\varepsilon}^f$ は破壊時の相当塑性ひずみであり、次式で定義される。

$$\bar{\varepsilon}^f = [D_1 + D_2 \exp(D_3 \sigma^*)](1 + D_4 \ln \dot{\varepsilon}^*)(1 + D_5 \theta^*) \tag{2.57}$$

ここで、D_1 から D_5 は材料パラメータであり、$\dot{\varepsilon}^*$ と θ^* は式(2.54)と(2.55)で既に示された無次元のひずみ速度と温度変数である。σ^* は、式(2.58)で示される無次元化応力であり、式(1.19)の平均垂直応力 σ_m と式(1.25)の相当応力 $\bar{\sigma}$ の比率である。

$$\sigma^* = \frac{\sigma_m}{\bar{\sigma}} \tag{2.58}$$

式(2.57)の右辺第1括弧にて、引張の平均垂直応力が増加することで破壊ひずみは減少するのが物理的に正しい。すなわち損傷しやすくなる実現象を満たすためにはパラメータ D_3 は負となることに注意されたい。

Abaqus では式(2.58)を $\sigma^* = p/\bar{\sigma}$ として、
分子に圧力（$p = -\sigma_m$）を使用しているため、
D_3 は正で定義する必要があります。

2.8.2　代表的な金属の材料パラメータ

文献［11］にある代表的な3つの金属として、高伝導度無酸素銅（Oxygen Free High Conductivity Copper)、アームコ鉄と4340スチールの材料パラメータを**表 2.2** に示す。

降伏関数パラメータは、断熱状態での代表的なひずみ速度での引張試験結果から通常の最適化手法で同定できる。

表 2.2　Johnson–Cook を含めた材料物性値

		OFHC COPPER	ARMCO IRON	4340 STEEL
弾性パラメータ				
ヤング率　E	[MPa]	124000	207000	200000
ポアソン比　ν		0.34	0.29	0.29
熱的パラメータ				
熱伝導率　k	[mW/mm·℃]	386	73	38
密度　ρ	[ton/mm^3]	8.96E−9	7.89E−9	7.83E−9
比熱　c	[mJ/ton·℃]	3.83E8	4.52E8	4.77E8
線膨張係数　α	[℃$^{-1}$]	5.0e−5	3.2E−5	3.2E−5
溶融温度　θ_{melt}	[℃]	1083	1538	1520
降伏関数パラメータ				
A	[MPa]	90	175	792
B	[MPa]	292	380	510
n		0.31	0.32	0.26
C		0.025	0.06	0.014
m		1.09	0.55	1.03
損傷パラメータ				
D_1		0.54	−2.20	0.05
D_2		4.89	5.43	3.44
D_3		−3.03	−0.47	−2.12
D_4		0.014	0.016	0.002
D_5		1.12	0.63	0.61

損傷パラメータの同定手順を以下に示す。室温にて十分速度の遅い条件（ひずみ速度 0.002[s^{-1}]）での実験結果の損傷発生相当塑性ひずみと応力比の関係が**図 2.32** にシンボルでプロットされている。すなわち、式(2.57)の無次元ひずみと無次元温度の2番目と3番目の括弧は除外できるので、1番目の括弧内の D_1、D_2、D_3 を実験から同定できる。ただし、図 2.32 中に記載された数式にて下線で記された定数は表 2.2 内の定数とわずかに異なっており、表 2.2 の定数は準静的を完全に満たすために調整された値とされている。

残る D_4、D_5 は**図 2.33** に示す、異なるひずみ速度での損傷ひずみの比率と無次元温度の関係から得られる。シンボルプロットがそれぞれの材料での実験結果である。実験を近似した直線で $\theta^*=0$ の切片は式(2.57)の右辺第3括弧が消

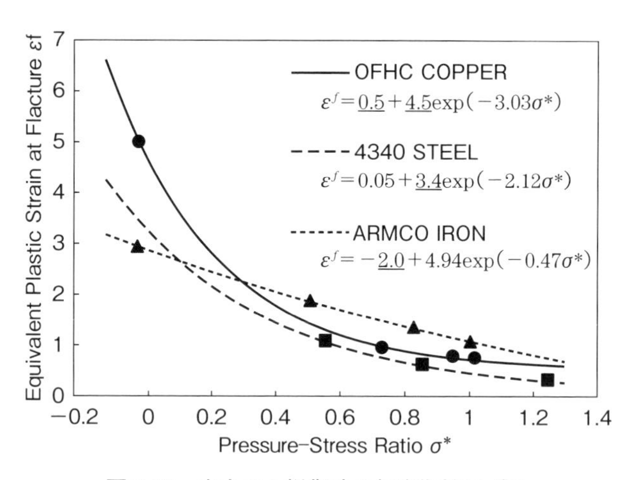

図 2.32 応力比と損傷時の相当塑性ひずみ

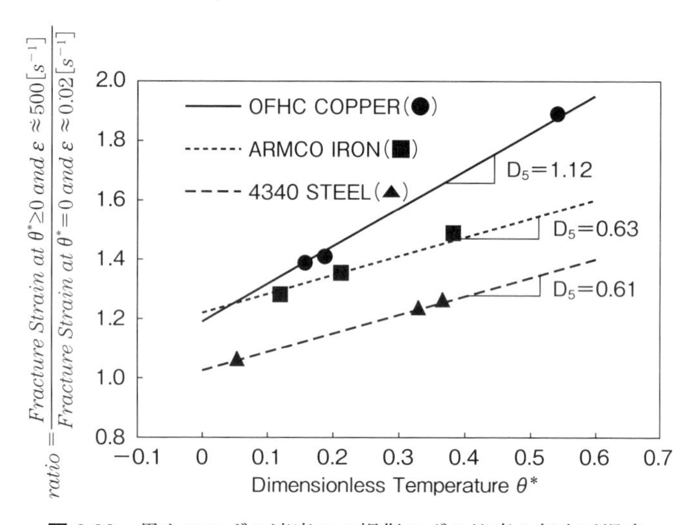

図 2.33 異なるひずみ速度での損傷ひずみ比率と無次元温度

去され、第2括弧の式を表すので、

$$ratio = \frac{\bar{\varepsilon}^f(\dot{\varepsilon} \approx 500)}{\bar{\varepsilon}^f(\dot{\varepsilon} \approx 0.002)} = \frac{1 + D_4 \ln 500}{1 + D_4 \ln 0.002} \tag{2.59}$$

の関係より

$$D_4 = \frac{ratio - 1}{\ln 500 - ratio \times \ln 0.002} \tag{2.60}$$

にて、ひずみ速度に対するパラメータ D_4 が得られる。たとえばOFHCの $\theta^*=0$ のときの $ratio$ は実験の●から近似した直線の切片 1.19 より $D_4=0.01396$ となり、表 2.2 の値となる。パラメータ D_5 は、図 2.33 に示すように近似直線の傾きから得られる。

▶2.8.3　例題（異なるひずみ速度での単軸応答）

2.2.2 項の 1 要素軸対称モデルにて、Johnson–Cook モデルの応力―ひずみ応答とひずみ速度依存性を確認する。材料物性値は、表 2.2 の 3 種類の金属について確認する。Abaqus での OFHC の物性値入力と主要な解析条件を Box 2.11 に示す。静解析で実行するが、ひずみ速度依存性が重要であり、本例での解析時間 0.03[s] と強制変位量 30.0[mm] は物理的な意味を持つ。すなわち単軸変形として 30.0÷0.03＝10000[mm/s] の速度で引っ張る条件としている。また、Johnson–Cook モデルは温度変化に大きく依存するモデルであるので、本例は *STATIC の ADIABATIC パラメータによって塑性発熱による断熱状態を模擬している。高速の塑性加工の問題などの力学的変形によって熱が発生するが、事象が速すぎるために熱が材料内を拡散する時間がない場合に行われる解析手法である。そのため、熱に変換される非弾性散逸の比率を材料データとして *INELASTIC HEAT FRACTION で指定している。本例では塑性仕事が完全に熱に変換されるとして 1.0 を与えているが、一般には 0.9 などが適用される。あるいは応力解析と熱解析の単位換算として扱う場合もある。断熱解析における塑性変形からは、単位体積当たり以下の熱流束が発生する。

$$Q^p = \eta \boldsymbol{\sigma} : \dot{\boldsymbol{\varepsilon}}^p \tag{2.61}$$

η が熱に変換される非弾性散逸の比率である。したがって、温度増分 $\dot{\theta}$ は

$$\rho c \dot{\theta} = Q^p \tag{2.62}$$

から得られる。ρ は密度、c は比熱である。

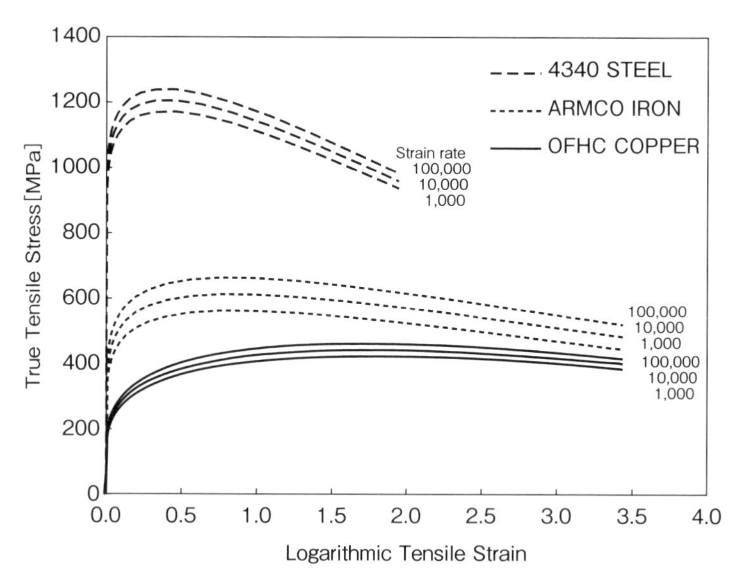

図 2.34　各種材料とひずみ速度での応力―ひずみ曲線

解析結果での引張方向の真応力―真ひずみ曲線を**図 2.34** に示す。3 種類の材料で、3 種類の異なるひずみ速度での結果を示した。断熱効果に伴い、応力は最大点を持ちひずみ増加に伴い減少していく傾向が見られる。また、いずれの材料においてもひずみ速度の増加によって応力の最大値が増加することを確認できる。

Box 2.11　Johnson–Cook モデル（OFHC）の入力データ

```
*MATERIAL, NAME=OFHC-COPPER
*DENSITY
 8.96E-09,              ** 質量密度の定義
*ELASTIC
124000.0, 0.34
*EXPANSION
 5E-05,                 ** 線膨張係数の定義
*INELASTIC HEAT FRACTION
   1.0,                 ** 非弾性エネルギーが熱に変換される比率
```

```
*PLASTIC, HARDENING=JOHNSON COOK
 90.0, 292.0, 0.31, 1.09, 1083.0, 25.0
**  A,      B,     n,     m,     θmelt, θroom
*RATE DEPENDENT, TYPE=JOHNSON COOK
 0.025, 1.0
**   C,   ε̇0
*SPECIFIC HEAT
 3.83E+08,            ** 比熱の定義
*STEP, NAME=STEP-1, NLGEOM=YES
*STATIC, ADIABATIC                 ** 静解析での断熱解析
     1E-05,     0.03,      3E-07,     0.003
** 初期時間増分、現象時間、最小時間増分、最大時間増分
*BOUNDARY
1, 1, 2
2, 2, 2
4, 1, 1
4, 2, 2, 30.0          ** 30.0[mm]の強制変位
```

2.8.4　例題（Hopkinson棒の引張破壊）

図 2.35 に示す OFHC の Hopkinson 棒の引張破壊解析を行う。軸対称要素で 1/2 モデルとし、適切な対称条件を設定し、現象時間 0.01[s] でモデル右側を一様に 5[mm] 引っ張る。材料パラメータとして、式(2.57)の破壊条件を損傷発生の条件として設定し、損傷発展は 0.01[mm] の変位条件とした。初期温度は 25[℃] として断熱条件の動的陽解法を用いた。OFHC の Abaqus での損傷発

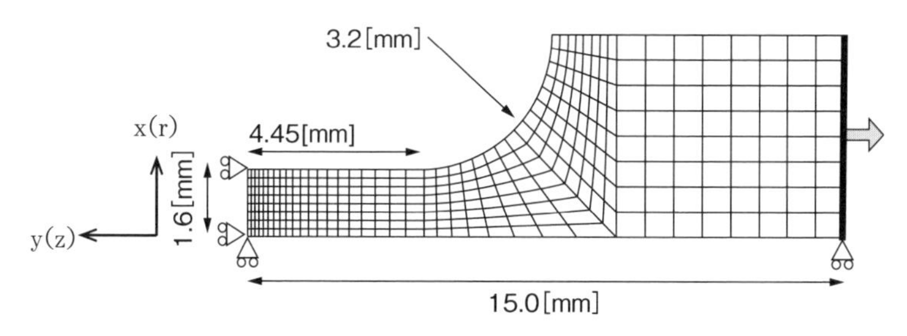

図 2.35　Hopkinson bar の引張破壊モデル

生条件を Box 2.12 に示す。その他の材料パラメータは Box 2.11 と同じである。

解析結果の変形図と圧力分布を**図 2.36** から**図 2.38** に示す。図 2.36 の 0.005 秒までは中心部は破損していないが、次の時間ステップで中心部が破損し、最終的に破断している。**図 2.39** に、対称面上の中心部と外周部の要素の損傷パラメータ（JCCRT）と圧力（PRESS）の履歴出力を示す。実線で示す中心部で先に損傷が発生し、その後わずかに遅れて●のシンボルプロットの外周部で損傷が発生している。最終的にはいずれの部位でも損傷パラメータは 1.0 となり、応

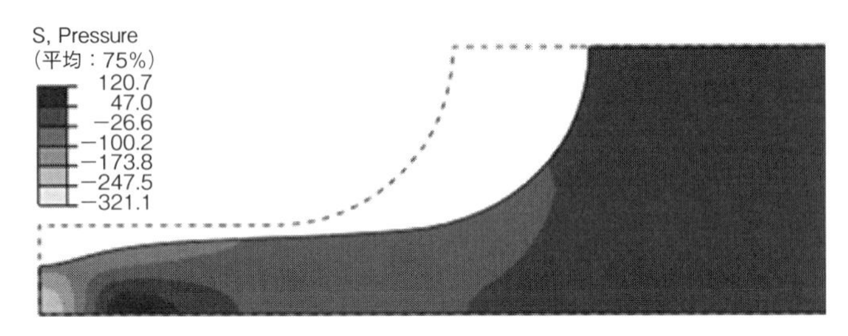

図 2.36　変形図（0.005 秒）

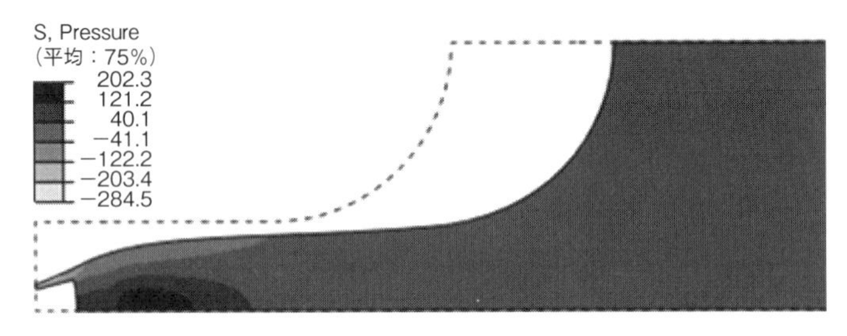

図 2.37　変形図（0.0055 秒後）

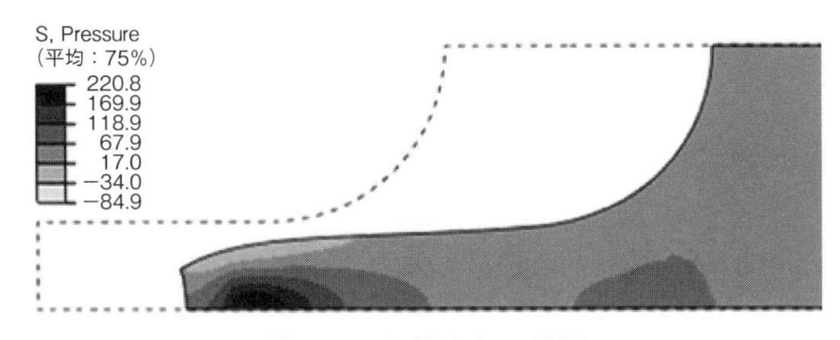

図 2.38　変形図（0.1 秒後）

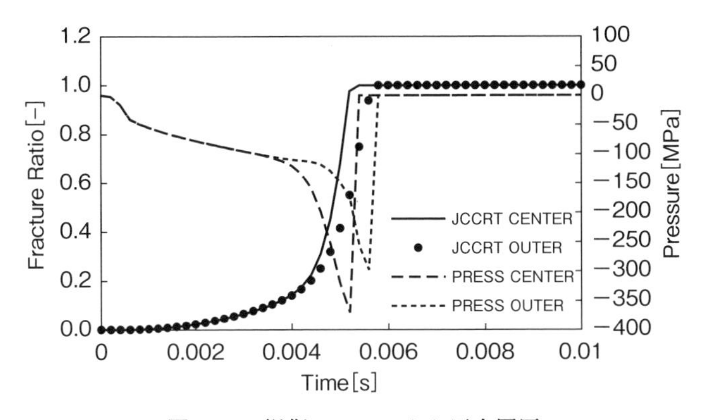

図 2.39　損傷パラメータと圧力履歴

力負担能力がなくなっていることがわかる。

Box 2.12　Johnson–Cook の損傷モデル（OFHC）の入力データ

```
*DAMAGE INITIATION, CRITERION=JOHNSON COOK
 0.54,  4.89,  3.03, 0.014,  1.12, 1083.0,  25.0,  1.0
** D1 ,     D2 ,     D3 ,     D4 ,     D5 ,   θmelt ,  θroom ,    ε̇0
*DAMAGE EVOLUTION, TYPE=DISPLACEMENT
 0.01,          ** 損傷発展変位
```

2.8.5　例題（円柱棒の高速衝突破壊）

4340STEEL を使った円柱棒の高速衝突解析を**図 2.40** の条件で行う。棒の初期温度は 25[℃] として軸対称要素を用い、3E–5[s] の非常に短い現象時間を陽解法で解析した。

図 2.41 に示すように、衝突部では塑性エネルギーが発生するため高温になっている。**図 2.42** に、衝突部の中心部と外周部の温度履歴と損傷比率（JCCRT）を示す。先に中心部で温度上昇後に損傷（実線）が発生し、衝突後 2.0E–5[s] 辺りで損傷比率は 1.0 となり要素は削除されている。外周部の損傷（●のシンボルプロット）は 0.3 程度で破壊にいたっておらず、温度（点線）が上昇し最終的

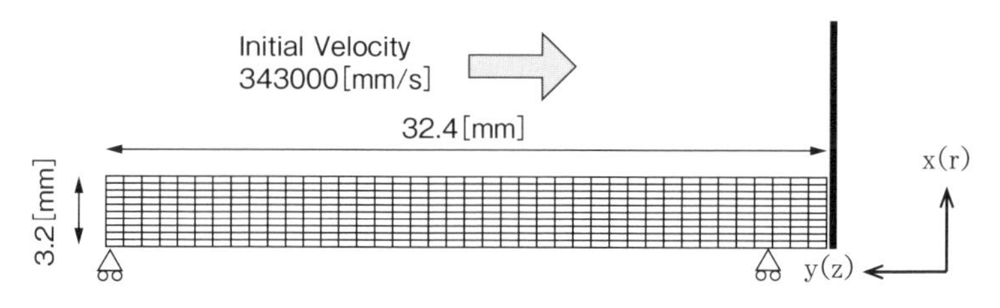

図 2.40　円柱棒の高速衝突モデル

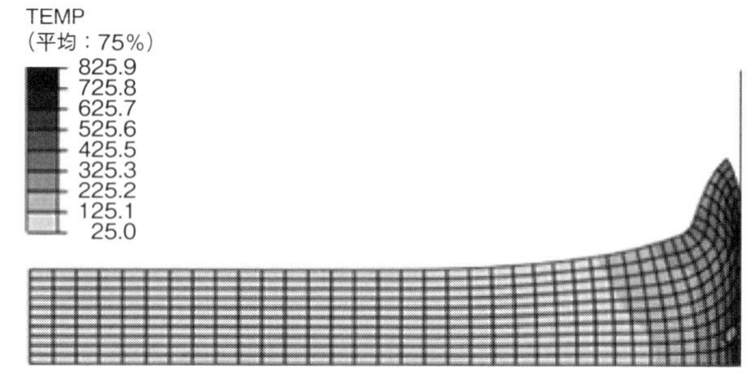

図 2.41　温度分布

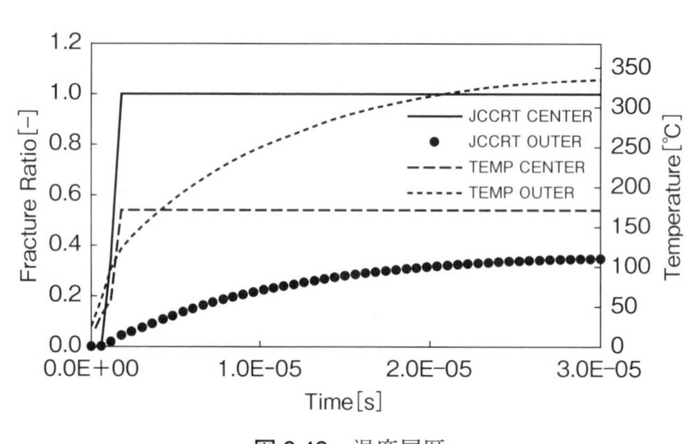

図 2.42　温度履歴

に 335[℃] となっている。

2.9　延性破壊モデル（Gursonモデル、GTNモデル）

2.9.1　降伏条件式

ある荷重履歴下で、塑性状態にある延性材料内では空隙（または核void）が形成、成長、合体し、クラックの発生または破壊の原因となる。実験の結果から、これらのプロセスには静水圧応力が深くかかわっていることがわかっている。ガーソン（またはガルソン）（Gurson[12]）は、材料中のマクロな空隙の研究を行い、空隙を円筒形状や球形状などの簡単な形状と仮定して空隙弾塑性材料の構成式を提案した。その後、ツヴェアーガードとニードルマン（Tvergaard[13]、Tvergaard & Needleman[14]）は小さな空隙の体積比と空隙の合体についての挙動に基づいて、Gurson の球形状の塑性構成式を修正し次式の降伏条件式を導出した。

$$\Phi = \left(\frac{\bar{\sigma}}{\sigma_M}\right)^2 + 2fq_1 \cosh\left(\frac{q_2}{2}\frac{\sigma_{kk}}{\sigma_M}\right) - (1 + q_3 f^2) = 0 \tag{2.63}$$

ここで、f は空隙の体積分率であり、材料の相対密度 r に対して $f=1-r$ の関係となる。σ_M は、完全に密な場合の母材（matrix）の降伏応力であり、相当塑性ひずみの関数となる。σ_{kk} は $\sigma_{11}+\sigma_{22}+\sigma_{33}$ であるので、式(1.19)の平均垂直応力の３倍であり、$\bar{\sigma}$ は式(1.25)の有効相当応力である。q_1、q_2、q_3 が材料パラメータである。$q_1=q_2=q_3=1.0$ の場合、純粋な Gurson モデルとなる。特に小さい体積比での挙動を改善するために、$q_1=1.5$、$q_2=1.0$、$q_3={q_1}^2=2.25$ が推奨されている[13][14]。式(2.63)には平均垂直応力（圧力）が含まれているため、偏差成分以外の要因で塑性ひずみが生じることに注意しよう。$q_1=q_2=q_3=1.0$ の条件で式(2.63)の降伏関数を図示すると**図 2.43** になる。横軸は降伏応力で正規化した平均垂直応力、縦軸は降伏応力で正規化した相当応力であり、それぞれ一定の空隙体積分率での降伏曲面の状態を示している。空隙体積分率について、

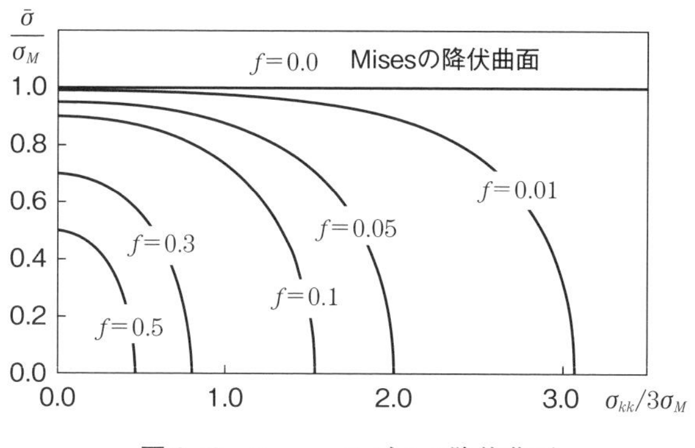

図 2.43　Gurson モデルの降伏曲面

$f=0.0$ であれば材料に空隙が存在せずGursonの降伏関数はVon Misesの降伏関数の円筒面に一致し、それ以外では空隙によって楕円型の降伏曲面となる。$f=1.0$ であれば、材料は完全に空隙のみとなり応力負担能力がないことを意味する。

式(2.63)の降伏条件式はGurson モデルとして有名であるが、修正を施したTvergaard と Needleman の名前を含めて GTN モデルとも称されている。

2.9.2　空隙体積分率

式(2.63)において、空隙体積分率がどのように形成されるかが問題となる。空隙体積分率に関して、チュウとニードルマン（Chu & Needleman[15]）は金属の等二軸引張における成形限度線（forming limit curve）の考え方を応用した。まず、空隙体積分率を増分形式で記載し、空隙の成長率と生成率に分解する。

$$\dot{f}=\dot{f}_{\mathrm{growth}}+\dot{f}_{\mathrm{nucleation}} \tag{2.64}$$

空隙成長率 $\dot{f}_{\mathrm{growth}}$ は、空隙以外の領域が塑性ひずみ増分 $\dot{\boldsymbol{\varepsilon}}^p$ によって成長すると考えられるので、単位テンソル $\mathbf{I}$ との内積より

$$\dot{f}_{\mathrm{growth}}=(1-f)\,\dot{\boldsymbol{\varepsilon}}^p:\mathbf{I} \tag{2.65}$$

と表され、空隙生成率 $\dot{f}_{\mathrm{nucleation}}$ は塑性ひずみ履歴の関数 F を使って次式となる。

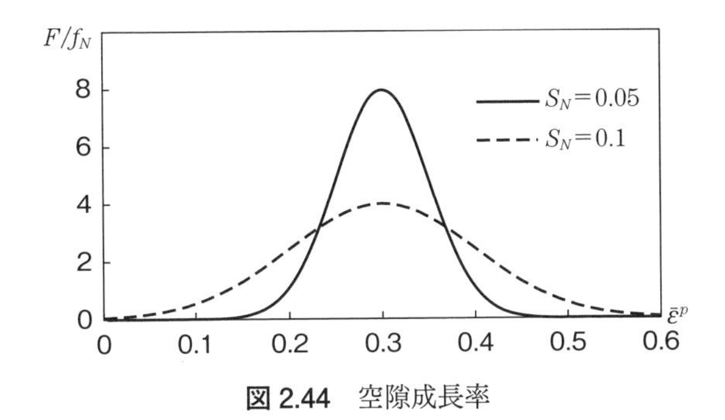

図 2.44　空隙成長率

$$\dot{f}_{\mathrm{nucleation}} = F\dot{\bar{\varepsilon}}^{p} \tag{2.66}$$

F は空隙の発生するひずみを表し、粒子配置の統計に依存すると考えられるので、次の正規分布関数で与えられる。

$$F = \frac{f_N}{s_N\sqrt{2\pi}}\exp\left[-\frac{1}{2}\left(\frac{\bar{\varepsilon}^{p}-\varepsilon_N}{s_N}\right)^2\right] \tag{2.67}$$

ここで、s_N は空隙生成の標準偏差、ε_N は空隙生成の塑性ひずみの平均値であり、f_N は発生した空隙の体積分率である。代表的な金属に対して、$s_N=0.05\sim0.1$、$\varepsilon_N=0.1\sim0.5$、$f_N=0.04$ が示されている[14][16]。これらの材料パラメータはいずれもひずみに対する制御値であるので、無次元量である。平均値 $\varepsilon_N=0.1$ での標準偏差 $s_N=0.05$ と 0.1 の違いを**図 2.44** に示す。

その他に Chu と Needleman[15] は、空隙生成率は応力の関数で表記されるという考え方も示しており、Marc では文献で提示されている下記の数式を採用している。s_{σ_N}、σ_N、κ_N が材料パラメータである。

$$\dot{f}_{\mathrm{nucleation}} = K\left(\dot{\bar{\sigma}} + \frac{1}{3}\dot{\sigma}_{kk}\right) \tag{2.68}$$

$$K = \frac{\kappa_N}{s_{\sigma_N}\sqrt{2\pi}}\exp\left[-\frac{1}{2}\left(\frac{\bar{\sigma}+\frac{1}{3}\sigma_{kk}-\sigma_N}{s_{\sigma_N}}\right)^2\right] \tag{2.69}$$

2.9.3　破壊モデルの拡張

GTN モデルは、空隙体積分率が $f=1.0$ のとき材料が破壊するが、それでは条件が厳しすぎる。そこで空隙体積分率を f^* として修正した関数が次式である。

$$\Phi=\left(\frac{\bar{\sigma}}{\sigma_M}\right)^2+2f^*q_1\cosh\left(\frac{q_2}{2}\frac{\sigma_{kk}}{\sigma_M}\right)-(1+q_3f^{*2})=0 \tag{2.70}$$

f^* は空隙の合体に伴う急速な応力負担能力の喪失をモデル化するものであり、空隙体積分率 f を用いて以下のように定義される

$$f^*=\begin{cases} f & (f\leq f_c) \\ f_c+\dfrac{f_U^*-f_c}{f_F-f_c}(f-f_c) & (f_c<f<f_F) \\ f_U^* & (f_F\leq f) \end{cases} \tag{2.71}$$

ここで、f_U^* は極限値であり

$$f_U^*=\frac{1}{q_1} \tag{2.72}$$

とされている[14]。f_c は空隙体積分率の臨界値であり、f_F は材料が応力負担能力を完全に失うときの体積分率である。修正空隙体積分率を使用した場合、図 2.43 に示されている f は f^*/f_U^* と読み替える。

Abaqus は、f_U^* を $f_U^*=\dfrac{q_1+\sqrt{q_1{}^2-q_3}}{q_3}$ のように
高度（複雑？）に拡張していますが、
$q_3=q_1{}^2$ の関係から本来の文献［14］に示されている
式(2.72)の方が正統であり、
実用的かつ理解しやすいと思います。

2.9.4　例題（引張試験でのくびれの発生）

文献［14］［16］に基づいて、丸棒の引張試験によるくびれと空隙の発生を

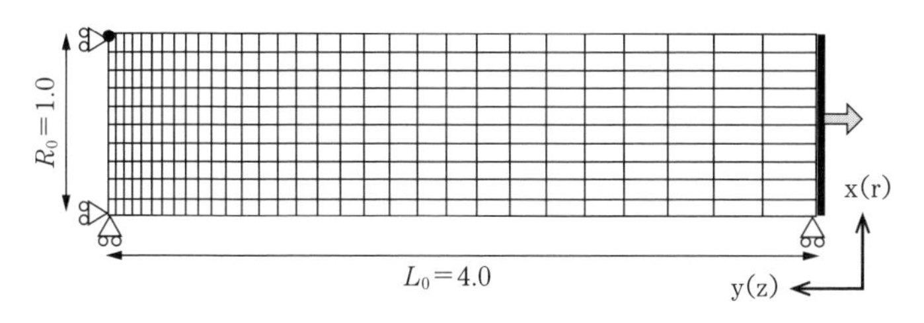

図 2.45　丸棒の引張試験モデル

Gurson モデルによる数値実験で模擬する例題を示す。解析形状を**図 2.45** に示す。半径と棒の長さは、$L_0/R_0=4.0$ の関係を満たし、軸対称要素を用いて右端に一様な軸方向引張条件、左端に軸方向対称条件を設定する。左端の対称面で大きな塑性ひずみとくびれが発生するのでメッシュ分割を密にしている。そのまま計算しても陰解法ではくびれは発生しないので、●で示した左上の節点に対して $\Delta R=R_0\times 0.005$ だけの初期不整を与えた。Gurson モデルの機能を検討するので、単位は無次元として結果処理を行い易いように $R_0=1.0$、$L_0=4.0$ とした。

母材の弾塑性材料は文献に基づき次式の関係とする。

$$\sigma_M/E=0.0033, \qquad \bar{\varepsilon}^p=\frac{\sigma_M}{E}\left(\frac{\bar{\sigma}}{\sigma_M}\right)^n-\frac{\bar{\sigma}}{E} \tag{2.73}$$

本例では、文献と同様に結果処理を行い易いように初期降伏応力は $\sigma_M=1.0$ の単位降伏応力としたので、ヤング率は $E=300$、ポアソン比は通常の $\nu=0.3$ を用い、塑性ひずみのべき数は $n=10$ を適用した。加工硬化曲線は式(2.73)の第 2 式から算出し、区分的に入力した。Gurson モデルの材料パラメータは下記の値を用いた。

$$q_1=1.5, \quad q_2=1.0, \quad q_3=2.25$$

$$\varepsilon_N=0.3, \quad s_N=0.1, \quad f_N=0.04$$

相対密度は 1.0 すなわち空隙のない状態から解析を始める。Abaqus での物性値入力は次の Box 2.13 となる。

Box 2.13　Gurson モデルの入力データ

```
*MATERIAL, NAME=GURSON
*ELASTIC
300.0, 0.3
**  E , ν
*PLASTIC
 1.0,  0.0
 1.05, 0.00192965
**  途中省略
 1.75, 0.892131
 1.8,  1.18416
*POROUS METAL PLASTICITY, RELATIVE DENSITY=1.0
  1.5,   1.0, 2.25
** q1,   q2 ,  q3
*VOID NUCLEATION
   0.3,  0.1, 0.04
** εN  ,   sN ,   fN
```

解析結果として、相当塑性ひずみを**図 2.46** に、相当応力を**図 2.47** に、空隙体積分率を**図 2.48** に示す。くびれの発生する対称面左側の中心部の応力がゼロに近いこと、すなわち空隙体積分率が 0.3 程度となり応力を負担していない

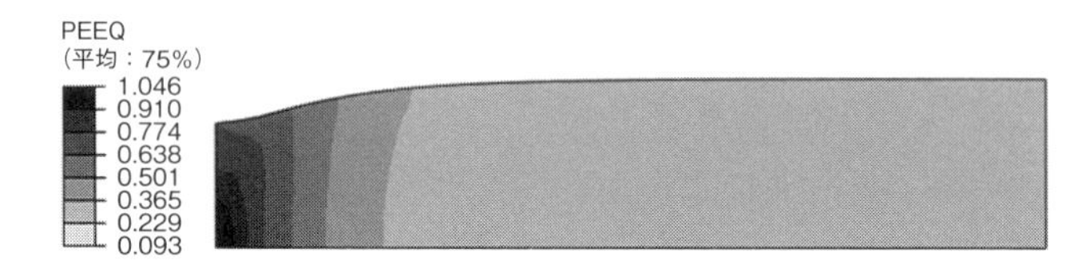

図 2.46　相当塑性ひずみ分布

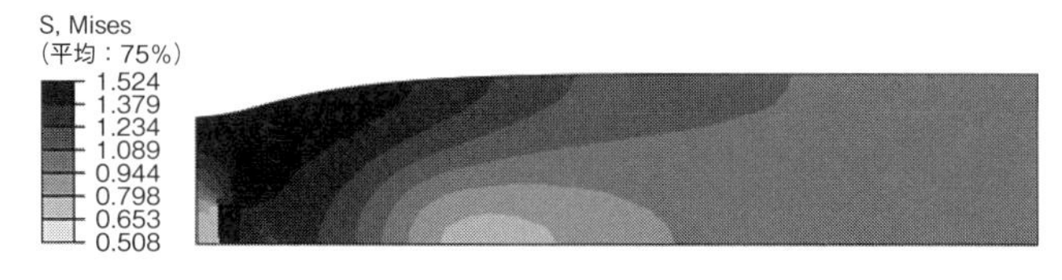

図 2.47　相当応力分布

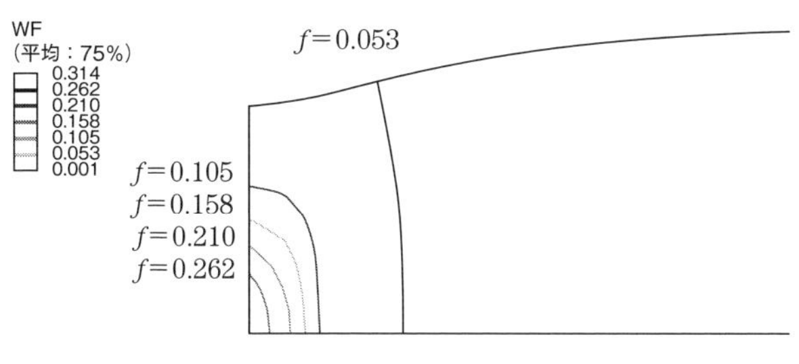

図 2.48　空隙体積分率の分布

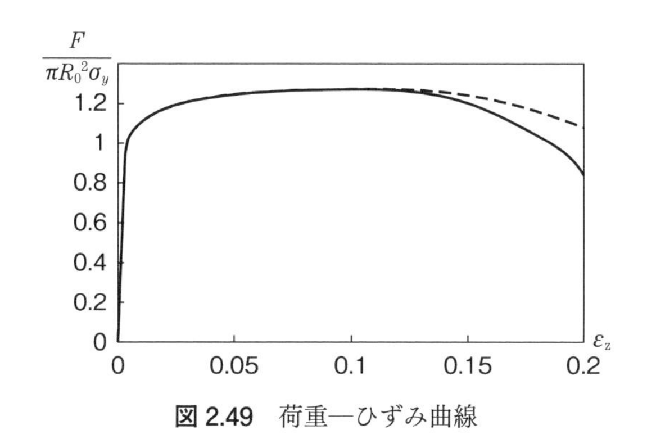

図 2.49　荷重—ひずみ曲線

ことが明らかであり、軸中心部から空隙によるクラックが発生している実験結果と一致している。**図 2.49** に荷重—ひずみ曲線を示す。このグラフの縦軸はマクロな公称応力を降伏応力で正規化した値、横軸をマクロな軸ひずみとして示した。実線が Gurson モデルであり、点線が空隙による剛性低下を考慮しない通常の Mises の降伏関数の結果を示す。Gurson モデルを使用することで、くびれ発生以降の空隙による剛性低下を確認できる。

このGursonモデルをAbaqusでは「多孔質金属の塑性モデル」と称していますが、個人的にはしっくりこない表記だと感じています。Gursonモデルはあくまでも材料への負荷によって空隙が発生することによる剛性低下を表すモデルなので、延性破壊モデルと呼ぶ方が正しいと思います。文献[12]のタイトルは“Continuum Theory of Ductile Rupture by Void Nucleation and Growth: Part I—Yield Criteria and Flow Rules for Porous Ductile Media”なので、Ductile Ruptureが正題でありPorous Ductile Mediaは副題です。

2.10 Hillの異方性塑性

2.10.1 異方性2次降伏関数

材料が最初等方性の挙動を示していたとしても、塑性変形が大きくなるとともに個々の結晶粒は最大主ひずみの方向に伸ばされ試験片の組織は繊維状となり、異方性の特徴を示す場合がある。あるいは、強度に冷間圧延された黄銅の圧延方向の降伏応力は垂直方向の降伏応力の1/10となることが報告されている。このような塑性変形に対する異方性挙動を表すために、ヒル（Hill[17]）は異方性がきわめて小さくなるとともにMisesの降伏条件に一致し、直交異方性であり、Bauschinger効果はないものと仮定して、次の2次降伏関数を提案した。

$$2f(\sigma_{ij})=F(\sigma_y-\sigma_z)^2+G(\sigma_z-\sigma_x)^2+H(\sigma_x-\sigma_y)^2 \\ +2L\sigma_{yz}^2+2M\sigma_{zx}^2+2N\sigma_{xy}^2=1 \tag{2.74}$$

ここで、F、G、H、L、M、Nは異方性主軸を基準座標軸にとったときの材料パラメータである。

X、Y、Zを異方性の主軸方向の引張り降伏応力とすると

$$\left.\begin{array}{ll}\dfrac{1}{X^2}=G+H, & 2F=\dfrac{1}{Y^2}+\dfrac{1}{Z^2}-\dfrac{1}{X^2}\\ \dfrac{1}{Y^2}=H+F, & 2G=\dfrac{1}{Z^2}+\dfrac{1}{X^2}-\dfrac{1}{Y^2}\\ \dfrac{1}{Z^2}=F+G, & 2H=\dfrac{1}{X^2}+\dfrac{1}{Y^2}-\dfrac{1}{Z^2}\end{array}\right\} \tag{2.75}$$

の関係となる。降伏応力間の差がかなり大きい場合に、F、G、H のうちどれか1つのみが負の値をとる場合があり、数値計算上非合理となることがある。一方、R、S、T を異方性主軸に対するせん断降伏応力とすると

$$2L=\frac{1}{R^2},\quad 2M=\frac{1}{S^2},\quad 2N=\frac{1}{T^2} \tag{2.76}$$

の関係となる。式(1.100)の流れ則を適用すれば、塑性ひずみテンソルは

$$\begin{Bmatrix} d\varepsilon_x^p \\ d\varepsilon_y^p \\ d\varepsilon_z^p \\ d\gamma_{yz}^p \\ d\gamma_{zx}^p \\ d\gamma_{xy}^p \end{Bmatrix} = d\lambda \begin{Bmatrix} -G(\sigma_z-\sigma_x)+H(\sigma_x-\sigma_y) \\ F(\sigma_y-\sigma_z)-H(\sigma_x-\sigma_y) \\ -F(\sigma_y-\sigma_z)+G(\sigma_z-\sigma_x) \\ 2L\sigma_{yz} \\ 2M\sigma_{zx} \\ 2N\sigma_{xy} \end{Bmatrix} \tag{2.77}$$

となる。

2.10.2　Lankfordのr値

次項で異方性パラメータの同定について説明する前に、板成形加工などでの材料パラメータとして使用されるランクフォード（Lankford）のr値について説明しておこう。Lankford の r 値は、厚さ方向のひずみに対する幅方向のひずみの比である。一般に板成形加工では、平面応力を仮定し x は板の圧延方向(RD：rolling direction)、y は直交方向（TD：transversal direction）とみなされ、z は板厚方向となる。（図 2.50 参照）単軸引張試験を圧延方向（x）で行った場合、ひずみ増分の比は式(2.77)に $\sigma_y=\sigma_z=0$ を代入して

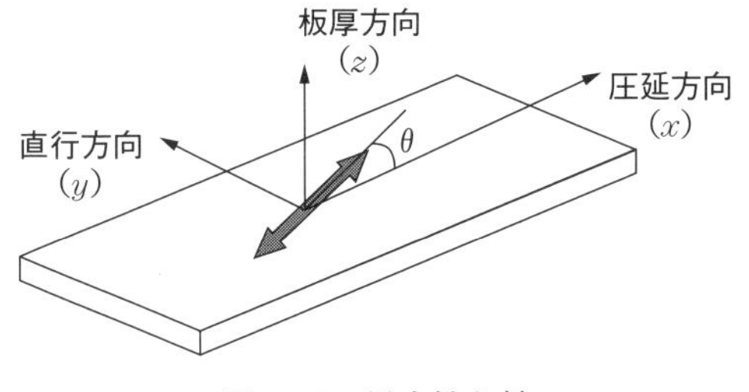

図 2.50　異方性主軸

$$d\varepsilon_x^p : d\varepsilon_y^p : d\varepsilon_z^p = G+H : -H : -G \tag{2.78}$$

となり、Lankford の r 値は

$$r_x = \frac{d\varepsilon_y^p}{d\varepsilon_z^p} = \frac{H}{G} \tag{2.79}$$

となる。同様に単軸引張試験を直行方向（y）で行った場合ひずみ増分の比は式(2.77)に $\sigma_x = \sigma_z = 0$ を代入して

$$d\varepsilon_x^p : d\varepsilon_y^p : d\varepsilon_z^p = -H : F+H : -F \tag{2.80}$$

となり、r 値は

$$r_y = \frac{d\varepsilon_x^p}{d\varepsilon_z^p} = \frac{H}{F} \tag{2.81}$$

となる。また、図2.50 のように圧延方向から θ だけ傾いた荷重方向での引張試験もあり、$\theta = 45°$ の試験での r 値は r_{45} と表記される。

2.10.3　異方性パラメータの同定

材料を直交異方性と見なして、各方向の降伏応力を計測すれば、式(2.75)と(2.76)から異方性パラメータを導出できる。しかし金属の異方性が問題となる板成形加工などでの材料パラメータとしては、Lankford の r 値を用いれば整理しやすい。そこで一般の有限要素法では、等方性挙動に対する参照引張降伏応力 $\bar{\sigma}$ を用いて Hill 式を書き換えている。たとえば Abaqus では次式としている。

$$\bar{\sigma}^2 = F(\sigma_{22} - \sigma_{33})^2 + G(\sigma_{33} - \sigma_{11})^2 + H(\sigma_{11} - \sigma_{22})^2$$

$$+2L\sigma_{23}^2+2M\sigma_{31}^2+2N\sigma_{12}^2 \tag{2.82}$$

この置き換えにより、異方性材料パラメータは

$$\left.\begin{aligned}
2F&=\bar{\sigma}^2\left(\frac{1}{Y^2}+\frac{1}{Z^2}-\frac{1}{X^2}\right)=\frac{1}{R_{22}^2}+\frac{1}{R_{33}^2}-\frac{1}{R_{11}^2}\\
2G&=\bar{\sigma}^2\left(\frac{1}{Z^2}+\frac{1}{X^2}-\frac{1}{Y^2}\right)=\frac{1}{R_{33}^2}+\frac{1}{R_{11}^2}-\frac{1}{R_{22}^2}\\
2H&=\bar{\sigma}^2\left(\frac{1}{X^2}+\frac{1}{Y^2}-\frac{1}{Z^2}\right)=\frac{1}{R_{11}^2}+\frac{1}{R_{22}^2}-\frac{1}{R_{33}^2}\\
2L&=\frac{\bar{\sigma}^2}{R^2}=\frac{3K^2}{R^2}=\frac{3}{R_{23}^2}\\
2M&=\frac{\bar{\sigma}^2}{S^2}=\frac{3K^2}{S^2}=\frac{3}{R_{13}^2}\\
2N&=\frac{\bar{\sigma}^2}{T^2}=\frac{3K^2}{T^2}=\frac{3}{R_{12}^2}
\end{aligned}\right\} \tag{2.83}$$

のように、参照引張降伏応力と各方向の降伏応力に対する比 R_{ij} で表すことができる。ここで、K は式(2.6)で示される $\bar{\sigma}=\sqrt{3}K$ の関係から定義される参照せん断降伏応力である。以下で異方性の弱い順番にパラメータ R_{ij} の同定手順を示す。

(a)　横等方性（Transverse Isotropy）

直交異方性において、１つの面内で物質の性質が等方性となることであり、たとえば一方向に強化された材料は強化方向に垂直な面内で等方性となることである。この場合、$r_x=r_y$ であり、参照引張降伏応力 $\bar{\sigma}$ が x 方向の降伏応力 X と等価とすれば

$$R_{11}=R_{22}=1 \tag{2.84}$$

となる。この関係を式(2.83)の第２、３式に代入してまとめると

$$2G=\frac{1}{R_{33}^2},\quad 2H=2-\frac{1}{R_{33}^2} \tag{2.85}$$

となり、比をとれば

$$\frac{H}{G}=\frac{2-\dfrac{1}{R_{33}^2}}{\dfrac{1}{R_{33}^2}}=2R_{33}^2-1 \tag{2.86}$$

であるので、式(2.79)の x 方向の r 値を使って

$$R_{33}=\sqrt{\frac{r_x+1}{2}} \tag{2.87}$$

の関係が得られる。残るせん断成分に関する比率（R_{12}、R_{13}、R_{23}）は 1.0 とすればよい。

(b)　面内異方性（Planar Anisotropy）

面内異方性の場合、参照引張降伏応力 $\bar{\sigma}$ が x 方向の降伏応力 X と等価とすれば

$$R_{11}=1 \tag{2.88}$$

となる。これを式(2.83)に代入し、式(2.81)の y 方向の r 値も使ってまとめると

$$R_{22}=\sqrt{\frac{r_y(r_x+1)}{r_x(r_y+1)}},\quad R_{33}=\sqrt{\frac{r_y(r_x+1)}{r_x+r_y}} \tag{2.89}$$

の関係が得られる。やはりせん断成分に関する比率（R_{12}、R_{13}、R_{23}）は 1.0 とすればよい。

(c)　一般的な異方性（General Anisotropy）

一般的な異方性の場合、面内せん断の異方性特性として N が必要となる。この場合、直交方向以外に別の角度での引張試験が必要となる。x 方向から角度 θ 傾いた試験片（図 2.50 の薄墨部分）を切り出して、長手方向に σ で引っ張れば応力を座標変換して

$$\sigma_x=\sigma\cos^2\theta,\quad \sigma_y=\sigma\sin^2\theta,\quad \sigma_{xy}=\sigma\sin\theta\cos\theta \tag{2.90}$$

となる。この関係を流れ則の式(2.77)に代入してまとめると

$$\left.\begin{aligned} d\varepsilon_x^p &= [(G+H)\cos^2\theta - H\sin^2\theta]\sigma d\lambda \\ d\varepsilon_y^p &= [(F+H)\sin^2\theta - H\cos^2\theta]\sigma d\lambda \\ d\varepsilon_z^p &= -(F\sin^2\theta + G\cos^2\theta)\sigma d\lambda \\ d\gamma_{xy}^p &= (2N\sin\theta\cos\theta)\sigma d\lambda \end{aligned}\right\} \tag{2.91}$$

となる。幅方向のひずみ増分は座標変換して

$$d\varepsilon_w = d\varepsilon_x^p \sin^2\theta + d\varepsilon_y^p \cos^2\theta - d\gamma_{xy}^p \sin\theta\cos\theta \tag{2.92}$$

となる。したがって、角度 θ での r 値は

$$r_\theta = \frac{d\varepsilon_w^p}{d\varepsilon_z^p} = \frac{H + (2N - F - G - 4H)\sin^2\theta\cos^2\theta}{F\sin^2\theta + G\cos^2\theta} \tag{2.93}$$

となる。一般に実施される荷重方向 $\theta=45°$ の場合は

$$r_{45} = \frac{2N - F - G}{2(F+G)}, \quad \frac{N}{G} = \left(r_{45} + \frac{1}{2}\right)\left(1 + \frac{r_x}{r_y}\right) \tag{2.94}$$

の関係が得られる。参照引張降伏応力 $\bar{\sigma}$ が x 方向の降伏応力 X と等価とすれば $R_{11}=1$ であり、R_{22} と R_{33} は式(2.89)の面内異方性の関係式から得られる。残る面内せん断の異方性特性は

$$R_{12} = \sqrt{\frac{3r_y(r_x+1)}{(2r_{45}+1)(r_x+r_y)}} \tag{2.95}$$

となる。

2.10.4　例題（異方性塑性板の単軸引張）

図2.51 を参照して、幅が厚さの5倍以上の薄板を引っ張ると、くびれは引張

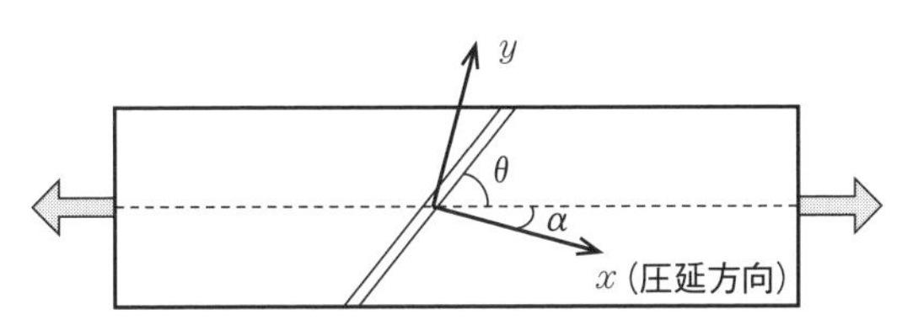

図2.51　異方性塑性板の単軸引張

方向と直角に生じないで、異方性の状態に応じたある傾斜角 θ を持って生じることが観察されている。くびれは材料の組織上のわずかな不均一の場所から始まり、その乱れが伝播していく特性曲線に従う。この特性曲線として Hill[17]は次の関係式を導出した。

$$a\tan^2\theta+2b\tan\theta-c=0 \tag{2.96}$$

ここで、各係数は

$$\left.\begin{aligned}
a&=H+(2N-F-G-4H)\sin^2\alpha\cos^2\alpha\\
b&=[(N-F-2H)\sin^2\alpha-(N-G-2H)\cos^2\alpha]\sin\alpha\cos\alpha\\
c&=a+F\sin^2\alpha+G\cos^2\alpha
\end{aligned}\right\} \tag{2.97}$$

であり、式(2.75)と(2.76)の Hill の異方性パラメータで算出される。等方性板では、$F=G=H=N/3$ の関係から、$b=0$ および $c=2a$ となり、$\tan\theta=\sqrt{2}$ となるので、2.2.3 項で示した $\theta=54.7°$ と同じ理論解が得られる。

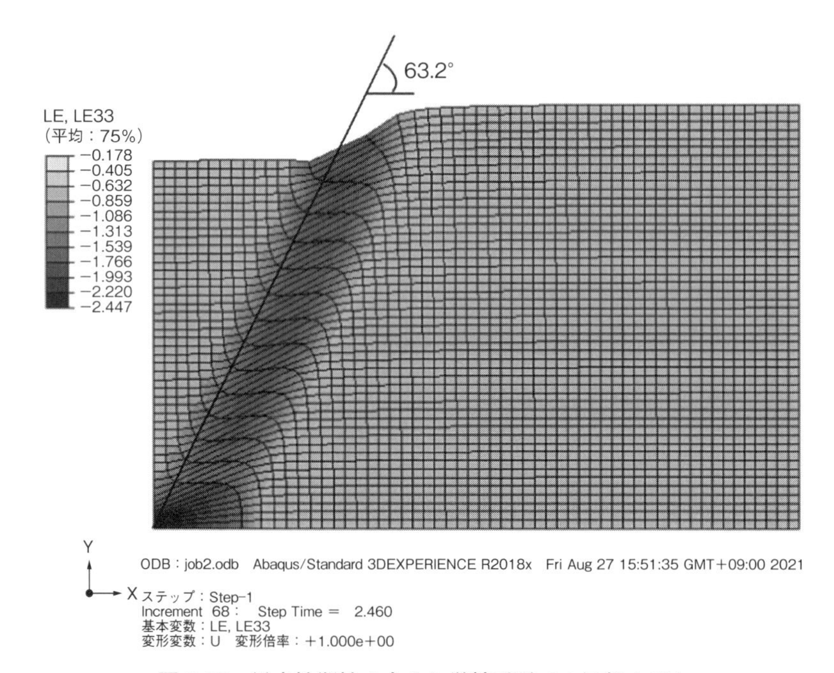

図 2.52 異方性塑性を含めた単軸引張での局部くびれ

2.2.3 項で行った例題に異方性塑性を含めて数値実験を行う。圧延方向は全体座標 x 軸と同じ（$\alpha=0.0$）とし、y 方向の異方性を強くするため、$R_{22}=1.4$ として、その他のパラメータはすべて 1.0 とする。式(2.83)より、$F=H=0.255$、$G=0.745$、$L=M=N=1.5$ となり、式(2.97)と(2.96)から $\theta=63.2°$ が得られる。解析結果の変形図と板厚方向のひずみ分布を**図 2.52** に示す。等方性材料として局部くびれを計算した図2.12 と比較しても、強い異方性塑性のため要素のつぶれが大きいためくびれ角度を算出すること自体が困難であるが、板厚方向のひずみ分布と変形状態から見積もったくびれ角度は理論解と同じ値が得られた。

2.10.5　例題（四角い箱の板成形）

図 2.53 に示す型のモデルを使って、矩形板の成形加工解析を行う。設計の観点からは、板の平面内は等方性で、厚さ方向の強度が高い異方性が望ましい。1/4 モデルでの板の大きさは縦横 100[mm]、板厚は 0.82[mm] とした。本例では、等方性の Mises の降伏条件と $R_{33}=1.3$（その他は 1.0）とした Hill の異方性降伏条件（Box 2.14 参照）での結果を比較する。

Hill の降伏条件の解析結果として板厚分布を**図 2.54** に示す。板厚方向の強度

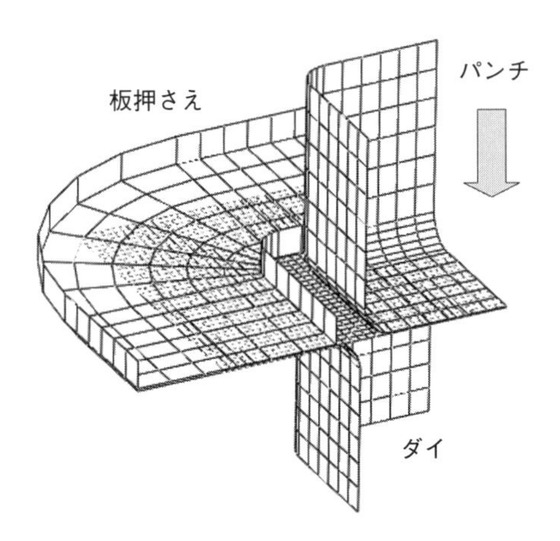

図 2.53　四角い箱の板成形

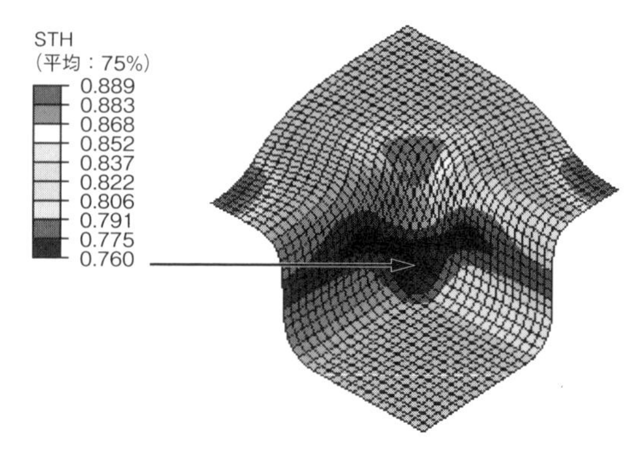

図 2.54　板厚分布（Hill の降伏条件）

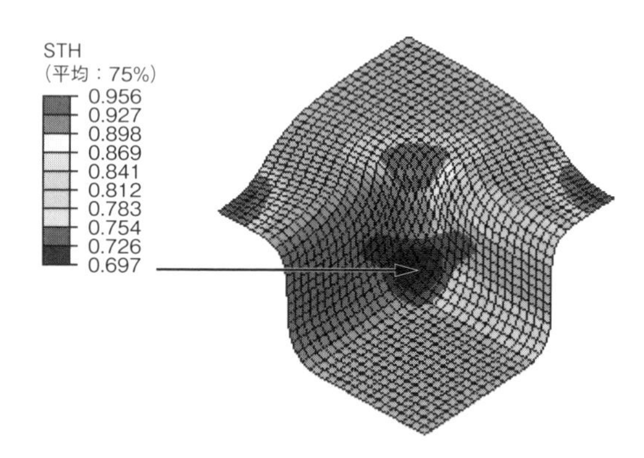

図 2.55　板厚分布（Mises の降伏条件）

をあげた Hill の降伏条件に対して、Mises の降伏条件の結果（図 2.55）では角部での板厚が減少していることがわかる。

Box 2.14　Hill 則による異方性塑性材料

```
*MATERIAL, NAME=HILL
*DENSITY
 7.8E-09,
*ELASTIC
210000.0, 0.3
**      E,  ν
```

```
*PLASTIC
 91.294, 0.0
 101.29, 0.00021052
** 途中省略
 511.29, 0.98274
 521.29, 1.0721
*POTENTIAL, TYPE=HILL          ** HILL則の材料パラメータ
   1.0, 1.0, 1.3, 1.0, 1.0, 1.0
** R11, R22, R33, R12, R13, R23
```

2.10.6　解析事例（パイプ曲げ加工）

本項では具体的な塑性加工の解析事例を示す。エキゾーストマニホールド（図 2.56 参照）は内燃機関での複数の排気流路を１つにまとめる多岐管である。社会環境のため軽量化や排気系の圧力損失低減などの要望があり、近年のエキゾーストマニホールド用パイプは、薄肉・大口径になり、さらに設計自由度向上のため、小曲げR（半径）かつ近接曲げとなる傾向にある。これらを同時に実現しようとするとこれまで経験のない領域の難加工となり、適切に加工条件を設定しないと**図 2.57** に示す割れやしわが発生する[18]。この適切な加工条件を事前検討するために有限要素解析が実施されている。なお、パイプ自体が圧延成形された板を管形状に加工しているため、異方性塑性の考慮も重要である。

図 2.56　エキゾーストマニホールド

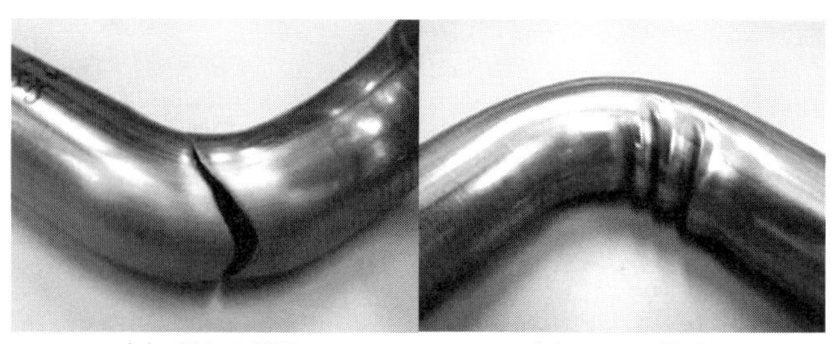

(a) 割れの発生　　(b) しわの発生

図 2.57　不適切な加工条件での結果

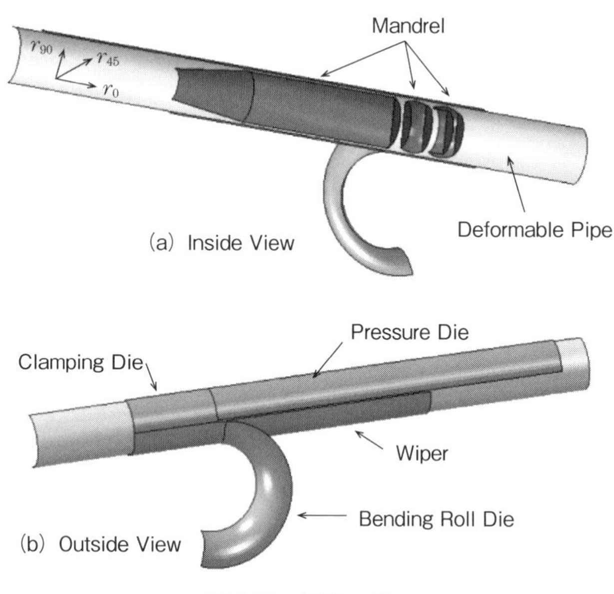

図 2.58　解析モデル

材料によって適切な加工条件を得るために Ishikawa ら[19]は加工条件による板厚減少やシワの発生を模擬する数値計算を行った。本来エキゾーストマニホールドのパイプは多段曲げで成形されるが、基礎検証のため単純な 90° 曲げの加工を有限要素法で再現した。解析モデルを**図 2.58** に示す。対称性を利用して 1/2 モデルとし、内部にマンドレルが、外側には加工のための型が剛体でモデル化されている。パイプは変形体として有限要素でモデル化され、圧延成形さ

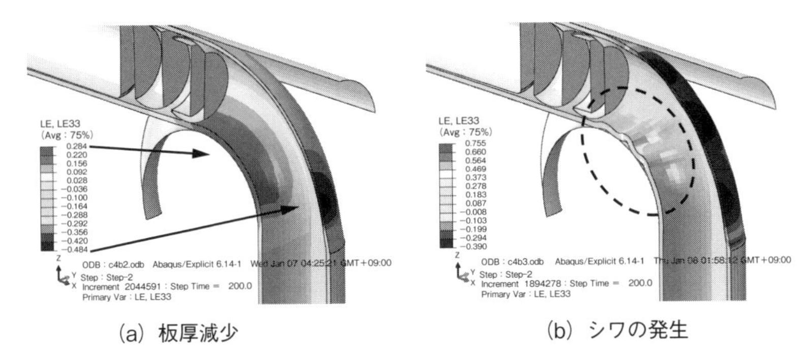

(a) 板厚減少　　(b) シワの発生

図 2.59　解析結果（板厚方向のひずみ分布）

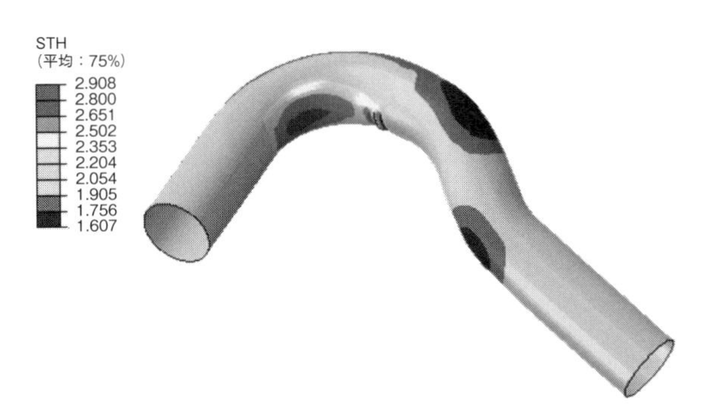

図 2.60　多段曲げ解析結果（板厚分布）

れているために図 2.58(a)に示す座標軸に対して Hill の異方性塑性の材料モデリングが行われている。すなわち、パイプの軸方向が圧延方向（RD）であり、周方向が圧延直交方向（TD）となる。

文献では様々な要素タイプにおける違いについて検討しているが、ここでは外側の板厚減少を最もよく再現した六面体ソリッドの非適合要素の結果のみを**図 2.59** に示す。加工条件による外側の板厚減少と内側のシワの発生を有限要素解析で的確に捉えられている。

さらに、石川ら[20]は多段曲げにおける成形性を向上するための解析（**図 2.60** 参照）を行い、実務の設計と生産技術に活用している。

2.11 Hosfordの降伏曲面

▸ 2.11.1 一般化等方性降伏曲面

ハスフォード（Hosford[21]）は、bcc（body-centered cubic：体心立方格子構造）やfcc（face-centered cubic：面心立方格子構造）の金属の降伏条件を実験によって綿密に調査し、いずれもTrescaとMisesの降伏曲面の間で降伏することを見いだした。主応力を変数として記述すれば、式(2.3)のTrescaの降伏条件は1次関数であり、式(2.5)のMisesの降伏条件は2次関数である。そこで、Hosfordはこれらを包括的に表す関数として、次式を提案した。

$$F=\left[\frac{(\sigma_1-\sigma_2)^n+(\sigma_2-\sigma_3)^n+(\sigma_1-\sigma_3)^n}{2}\right]^{\frac{1}{n}}=Y \tag{2.98}$$

ここで、σ_1、σ_2、σ_3 は主応力、Y は単軸引張の降伏応力である。n は材料によって定められるパラメータであるが、数学的には $n=2$ または $n=4$ のときMisesの式となり、$n=1$ または $n=\infty$ のときTrescaの式に帰着する。式(2.98)を変形すれば

$$(\sigma_1-\sigma_2)^n+(\sigma_2-\sigma_3)^n+(\sigma_1-\sigma_3)^n=2Y^n \tag{2.99}$$

となり、平面応力状態（$\sigma_z=0$）であれば

$$\sigma_x{}^n+\sigma_y{}^n+(\sigma_x-\sigma_y)^n=2Y^n \tag{2.100}$$

と表せる。$n=2$ のMisesの降伏条件の場合、2軸性によって実際の材料よりも高く評価されてしまうことが実験から示されている。

図2.61 に2次元平面上の正規化応力で各モデルの降伏曲面を示す。実線が $n=8$ でのHosford、長破線がMises、点線がTrescaの降伏曲面である。Hosfordの降伏曲面がMisesとTrescaの曲面の間に位置することがわかる。**図2.62** には $n=6$ としたときのHosfordの降伏曲面も含めて第1象限を拡大して示してある。実験結果に合うように n を調整すればよい。ローガンとハスフォード(Logan & Hosford[22]）は、bccの場合おおむね $n=6$ であり、fccの場合 $n=8$〜

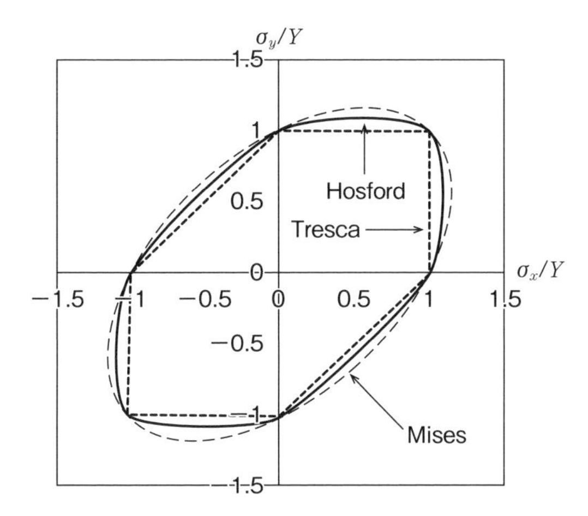

図 2.61　Mises、Tresca、Hosford（$n=8$）の降伏曲面

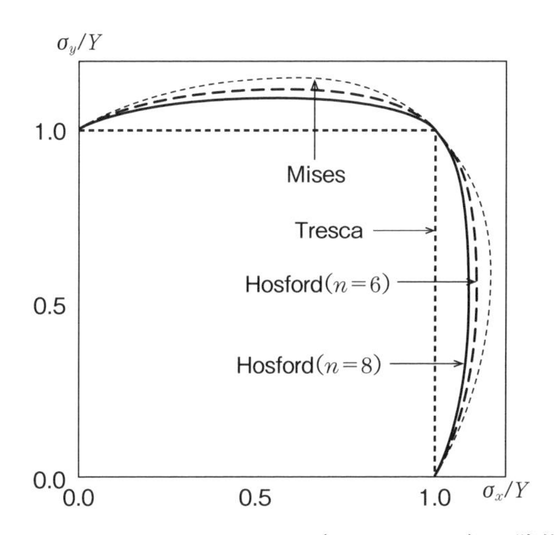

図 2.62　Mises、Tresca、Hosford（$n=6$ と $n=8$）の降伏曲面

10であることを実験結果から同定しており、異方性パラメータRを使った次式で異方性の降伏関数も提案している。

$$\sigma_x{}^n+\sigma_y{}^n+R(\sigma_x-\sigma_y)^n=(1+R)\,Y^n \tag{2.101}$$

式(2.98)のHosfordの一般化降伏曲面は、後の2.13節で説明するBarlatの異方性降伏曲面の基礎となっている。

2.12 Karafillis-Boyceの降伏曲面

2.12.1 等方塑性相当偏差応力テンソル

カラフィリスとボイシ（Karafillis & Boyce[23]）は数学的に洗練された手法で異方性降伏関数を構築した。まず彼らは、凸性が保証された次の等方性降伏関数を提案した。

$$
\left.
\begin{aligned}
&\Phi(S(\sigma))=(1-c)\Phi_1(S(\sigma))+c\frac{3^{2k}}{2^{2k-1}+1}\Phi_2(S(\sigma))=2Y^{2k}\\
&\Phi_1(S(\sigma))=(S_1-S_2)^{2k}+(S_2-S_3)^{2k}+(S_3-S_1)^{2k}=2Y^{2k}\\
&\Phi_2(S(\sigma))=S_1{}^{2k}+S_2{}^{2k}+S_3{}^{2k}=\frac{2^{2k}+2}{3^{2k}}Y^{2k}
\end{aligned}
\right\}\quad(2.102)
$$

ここで、c と k が材料パラメータであり、Y は降伏応力である。$S(\sigma)$は応力テンソルを表しており、S_1、S_2、S_3 はその主応力である。降伏関数 Φ は２つの関数で構成されており、Φ_1 は式(2.99)の Hosford の降伏関数と同じ形式であり、$k=\infty$ のとき**図 2.63** の下界すなわち Tresca の降伏曲面を示しており、もう一つの Φ_2 は上界を示す。

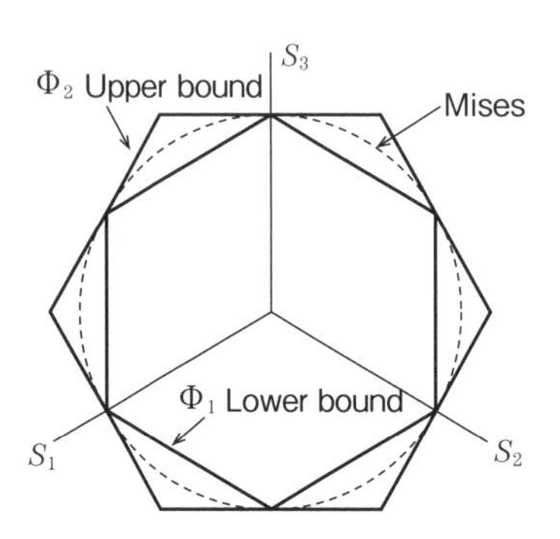

図 2.63　Mises および下界と上界の降伏曲面

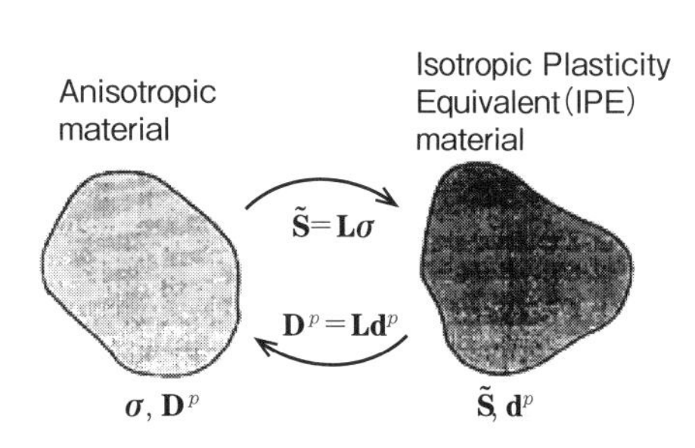

図 2.64　異方性塑性と等方塑性相当

さらに Karafillis と Boyce は次式と**図 2.64** に示す等方塑性相当（IPE）偏差応力テンソル（isotropic plasticity equivalent deviatoric stress tensor）という概念を導入し、異方性塑性を表した。

$$\tilde{\mathbf{S}}=\mathbf{L}\boldsymbol{\sigma} \tag{2.103}$$

$\boldsymbol{\sigma}$ は実際の異方性材料に作用するコーシー応力であり、$\tilde{\mathbf{S}}$ は等方性降伏関数を用いて異方性降伏挙動を再現するための $\boldsymbol{\sigma}$ と等価な応力テンソルである。$\mathbf{L}$ は線形の 4 階のテンソル演算子である。図 2.64 の $\mathbf{D}^p$ は異方性材料での塑性ひずみ速度勾配テンソルの対称成分であり、$\mathbf{d}^p$ は IPE 偏差応力 $\tilde{\mathbf{S}}$ と共役な塑性ひずみ速度勾配テンソルである。塑性エネルギー速度 $\dot{W}$ は次式の関係となる。

$$\dot{W}=\boldsymbol{\sigma}\cdot\mathbf{D}^p=\tilde{\mathbf{S}}\cdot\mathbf{d}^p=Y\dot{\bar{\varepsilon}}^p \tag{2.104}$$

この IPE 偏差応力テンソル $\tilde{\mathbf{S}}$ を式(2.102)の $S(\sigma)$ として扱うことで、異方性塑性を表現できる。さらに、式(2.103)に背応力 $\mathbf{B}$ を用いて

$$\tilde{\mathbf{S}}=\mathbf{L}(\boldsymbol{\sigma}-\mathbf{B}) \tag{2.105}$$

とすれば、移動硬化則となるので、Bauschinger 効果を扱うこともできる。

4 階のテンソル演算子 $\mathbf{L}$ は様々な形式を取るが、工業材料でよく使われる直交異方性の例を次式に示す。

$$\begin{Bmatrix}\tilde{S}_{xx}\\\tilde{S}_{yy}\\\tilde{S}_{zz}\\\tilde{S}_{yz}\\\tilde{S}_{zx}\\\tilde{S}_{xy}\end{Bmatrix}=C\begin{bmatrix}1&\beta_1&\beta_2&0&0&0\\\beta_1&\alpha_1&\beta_3&0&0&0\\\beta_2&\beta_3&\alpha_2&0&0&0\\0&0&0&\gamma_1&0&0\\0&0&0&0&\gamma_2&0\\0&0&0&0&0&\gamma_3\end{bmatrix}\begin{Bmatrix}\sigma_{xx}\\\sigma_{yy}\\\sigma_{zz}\\\sigma_{yz}\\\sigma_{zx}\\\sigma_{xy}\end{Bmatrix} \tag{2.106}$$

上式において、α と β は次式の関係となる。

$$\left.\begin{aligned}\beta_1&=(\alpha_2-\alpha_1-1)/2\\\beta_2&=(\alpha_1-\alpha_2-1)/2\\\beta_3&=(1-\alpha_1-\alpha_2)/2\end{aligned}\right\} \tag{2.107}$$

ここで、C、α_1、α_2、γ_1、γ_2、γ_3 が異方性の材料パラメータである。この等方塑性相当（IPE）偏差応力テンソルの考え方は、次節の Barlat モデルに使用されている。

2.13 Barlatの異方性塑性

Barlat らはアルミニウムの異方性塑性に対して高次の降伏関数を発展させて様々な異方性降伏関数を提案している。以降で代表的な 2 つの降伏関数を説明する。

2.13.1 Yld91

バーラットら（Barlat et al.[24]）は Hosford の一般化等方性降伏関数を用いて、以下で示される異方性塑性を表した。

$$F=|\tilde{S}_1-\tilde{S}_2|^m+|\tilde{S}_2-\tilde{S}_3|^m+|\tilde{S}_3-\tilde{S}_1|^m=2\bar{\sigma}^m \tag{2.108}$$

式(2.108)は Hosford の式(2.99)と同じ形式であり、$\tilde{S}_1$、$\tilde{S}_2$、$\tilde{S}_3$ は次式の応力テンソル$[\tilde{S}]$の主値である。$\bar{\sigma}$ は単軸相当の降伏応力である。

$$[\tilde{S}]=\begin{bmatrix} \dfrac{cC-bB}{3} & hH & gG \\ hH & \dfrac{aA-cC}{3} & fF \\ gG & fF & \dfrac{bB-aA}{3} \end{bmatrix} \tag{2.109}$$

ここで、大文字の A、B、C、F、G、H はビショップとヒル（Bishop & Hill[25]）の表記法であり、コーシー応力の成分 σ_{ij} から次式となる。

$$\begin{aligned} &A=\sigma_{yy}-\sigma_{zz}, \quad B=\sigma_{zz}-\sigma_{xx}, \quad C=\sigma_{xx}-\sigma_{yy} \\ &F=\sigma_{yz}, \quad G=\sigma_{zx}, \quad H=\sigma_{xy} \end{aligned} \tag{2.110}$$

一方、小文字の a、b、c、f、g、h が異方性を表すパラメータであり、すべてが 1.0 であれば、式(2.109)は通常の偏差応力テンソルとなる。したがって、a から h の 6 個の異方性パラメータは偏差応力テンソルに変換する際の直成分とせん断成分のそれぞれにかかる係数であり、べき数 m と併せて 7 個のパラメータで構成される。この異方性材料モデルは、論文の発表年に対応して Yld91 と称されている。論文の発表年が前後するが、Karafillis と Boyce の等方塑性相当(IPE) 偏差応力テンソルの考え方を適用すれば、式(2.109)は

$$\begin{Bmatrix} \tilde{S}_{xx} \\ \tilde{S}_{yy} \\ \tilde{S}_{zz} \\ \tilde{S}_{yz} \\ \tilde{S}_{zx} \\ \tilde{S}_{xy} \end{Bmatrix} = \frac{1}{3} \begin{bmatrix} b+c & -c & -b & 0 & 0 & 0 \\ -c & c+a & -a & 0 & 0 & 0 \\ -b & -a & a+b & 0 & 0 & 0 \\ 0 & 0 & 0 & 3f & 0 & 0 \\ 0 & 0 & 0 & 0 & 3g & 0 \\ 0 & 0 & 0 & 0 & 0 & 3h \end{bmatrix} \begin{Bmatrix} \sigma_{xx} \\ \sigma_{yy} \\ \sigma_{zz} \\ \sigma_{yz} \\ \sigma_{zx} \\ \sigma_{xy} \end{Bmatrix} \tag{2.111}$$

と表記できる。Barlat らが示した２種類のアルミニウム合金の材料パラメータを**表 2.3** に示す。2008–T4 の材料を使い、圧延方向に対して０度から 90 度まで角度を変えて引張試験を行った結果を**図 2.65** に示す。シンボルプロットの○が降伏応力を０度の降伏応力で正規化した実験値であり、□が r 値（$=\dot{\varepsilon}_2/\dot{\varepsilon}_3$）の実験値である。表 2.3 の材料パラメータを使用した Yld91 の材料モデルの正規化降伏応力が実線であり、r 値が破線である。2008–T4 の材料での異方性を適切に捉えられている。

表 2.3　異方性アルミニウムの材料パラメータ

	m	a	b	c	f	g	h
2008–T4	11	1.222	1.013	0.985	1.0	1.0	1.0
2024–T3	8	1.378	1.044	0.955	1.0	1.0	1.21

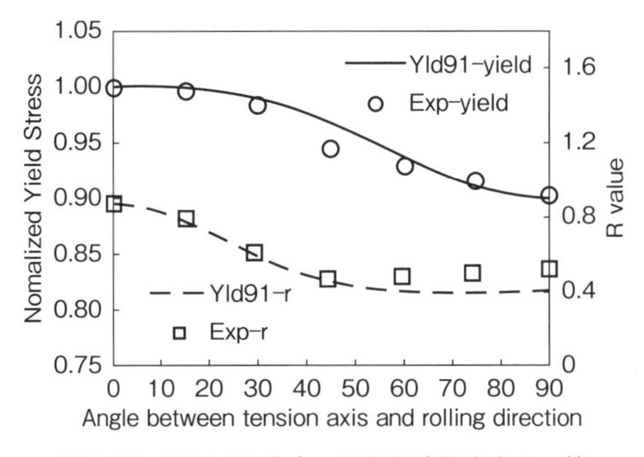

図 2.65　2008–T4 合金の正規化降伏応力と r 値

▶ 2.13.2 Yld2004-18p

さらにBarlatら（Barlat et al.[26]）は、より異方性の強いアルミニウム合金に対応する降伏関数として、次のYld2004–18pを提案した。

$$
\begin{aligned}
\Phi &= \Phi(\tilde{S}', \tilde{S}'') \\
&= |\tilde{S}'_1 - \tilde{S}''_1|^a + |\tilde{S}'_1 - \tilde{S}''_2|^a + |\tilde{S}'_1 - \tilde{S}''_3|^a + |\tilde{S}'_2 - \tilde{S}''_1|^a + |\tilde{S}'_2 - \tilde{S}''_2|^a \\
&\quad + |\tilde{S}'_2 - \tilde{S}''_3|^a + |\tilde{S}'_3 - \tilde{S}''_1|^a + |\tilde{S}'_3 - \tilde{S}''_2|^a + |\tilde{S}'_3 - \tilde{S}''_3|^a = 4\bar{\sigma}^a
\end{aligned}
\tag{2.112}
$$

ここで、$\tilde{S}'_i$ と $\tilde{S}''_j$ は次の等方塑性相当（IPE）偏差応力テンソル $\tilde{\mathbf{s}}'$ と $\tilde{\mathbf{s}}''$ の主値である。

$$
\begin{aligned}
\tilde{\mathbf{s}}' &= \mathbf{C}'\mathbf{s} = \mathbf{C}'\mathbf{T}\boldsymbol{\sigma} = \mathbf{L}'\boldsymbol{\sigma} \\
\tilde{\mathbf{s}}'' &= \mathbf{C}''\mathbf{s} = \mathbf{C}''\mathbf{T}\boldsymbol{\sigma} = \mathbf{L}''\boldsymbol{\sigma}
\end{aligned}
\tag{2.113}
$$

上式において、$\mathbf{L}'$ と $\mathbf{L}''$ はKarafillisとBoyceが示した等方塑性相当（IPE）偏差応力テンソルに変換するテンソルである。$\mathbf{T}$ はコーシー応力を偏差応力テンソル $\mathbf{s}$ に変換する次式のテンソルである。

$$
\mathbf{T} = \frac{1}{3}\begin{bmatrix} 2 & -1 & -1 & 0 & 0 & 0 \\ -1 & 2 & -1 & 0 & 0 & 0 \\ -1 & -1 & 2 & 0 & 0 & 0 \\ 0 & 0 & 0 & 3 & 0 & 0 \\ 0 & 0 & 0 & 0 & 3 & 0 \\ 0 & 0 & 0 & 0 & 0 & 3 \end{bmatrix}
\tag{2.114}
$$

実質的に $\mathbf{C}'$ と $\mathbf{C}''$ が異方性を表すテンソルであり、次式となる。

$$
\mathbf{C}' = \begin{bmatrix} 0 & -c'_{12} & -c'_{13} & 0 & 0 & 0 \\ -c'_{21} & 0 & -c'_{23} & 0 & 0 & 0 \\ -c'_{31} & -c'_{32} & 0 & 0 & 0 & 0 \\ 0 & 0 & 0 & c'_{44} & 0 & 0 \\ 0 & 0 & 0 & 0 & c'_{55} & 0 \\ 0 & 0 & 0 & 0 & 0 & c'_{66} \end{bmatrix}
\tag{2.115}
$$

$$
\mathbf{C}'' = \begin{bmatrix} 0 & -c''_{12} & -c''_{13} & 0 & 0 & 0 \\ -c''_{21} & 0 & -c''_{23} & 0 & 0 & 0 \\ -c''_{31} & -c''_{32} & 0 & 0 & 0 & 0 \\ 0 & 0 & 0 & c''_{44} & 0 & 0 \\ 0 & 0 & 0 & 0 & c''_{55} & 0 \\ 0 & 0 & 0 & 0 & 0 & c''_{66} \end{bmatrix} \tag{2.116}
$$

$\mathbf{C}'$ と $\mathbf{C}''$ で合計18個の異方性パラメータが必要となり、降伏関数のべき数 a とあわせて19個の材料パラメータが必要である。

Barlatらは2種類のアルミニウム合金について、**表2.4**の材料パラメータを示した。なお、表2.4にはAbaqusでの材料パラメータの変数を併せて表記して

表2.4　Yld2004-18pの材料パラメータ

Barlatのパラメータ	6111-T4	2090-T3	Abaqusの表記
a	8	8	α
c'_{12}	1.241024	−0.069888	c'_{1122}
c'_{13}	1.078271	0.936408	c'_{1133}
c'_{21}	1.216463	0.079143	c'_{2211}
c'_{23}	1.223867	1.003060	c'_{2233}
c'_{31}	1.093105	0.524741	c'_{3311}
c'_{32}	0.889161	1.363180	c'_{3322}
c'_{44}	0.501909	1.023770	$2c'_{2323}$
c'_{55}	0.557173	1.069060	$2c'_{1313}$
c'_{66}	1.349094	0.954322	$2c'_{1212}$
c''_{12}	0.775366	0.981171	c''_{1122}
c''_{13}	0.922743	0.476741	c''_{1133}
c''_{21}	0.765487	0.575316	c''_{2211}
c''_{23}	0.793356	0.866827	c''_{2233}
c''_{31}	0.918689	1.145010	c''_{3311}
c''_{32}	1.027625	−0.079294	c''_{3322}
c''_{44}	1.115833	1.051660	$2c''_{2323}$
c''_{55}	1.112273	1.147100	$2c''_{1313}$
c''_{66}	0.589787	1.404620	$2c''_{1212}$

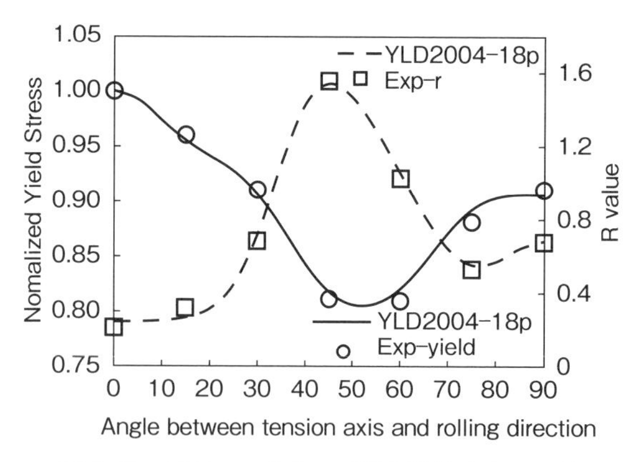

図 2.66 2090–T3 合金の正規化降伏応力と r 値

ある。前節と同様に、引張角度を 0 度から 90 度まで変えた正規化降伏応力と r 値に対する実験と解析結果を**図 2.66** に示す。材料は 2090–T3 であり、強い異方性の挙動を Yld2004–18p で捉えられている。

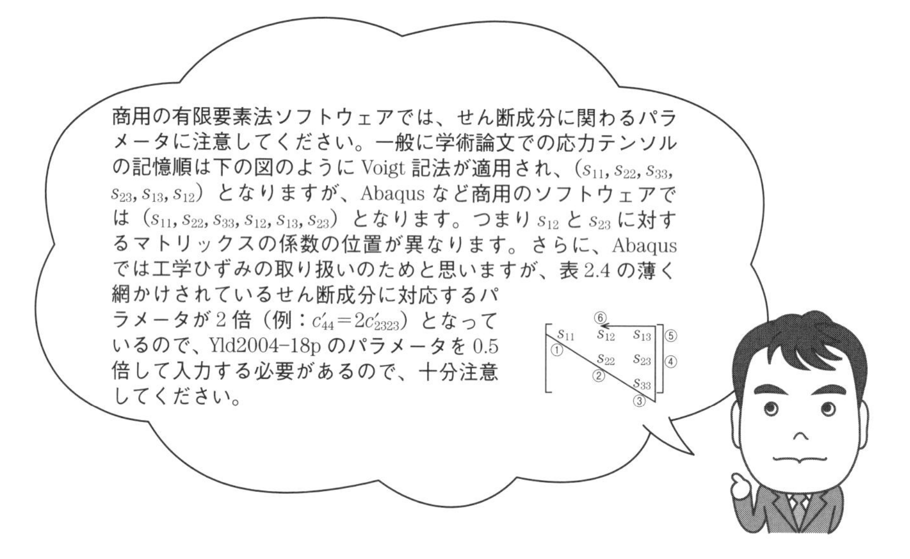

2.13.3　例題（NUMISHEET99の深絞り成形）

ユンら（Yoon et al.[27]）が示したNUMISHEET99の円板の深絞り成形解析を行う。モデル断面と形状を**図2.67**に示す。解析は1/4モデルで実行し、全体座標x方向が圧延方向（RD）、y方向が圧延直交方向（TD）である。板と型の摩擦係数は0.02、ホルダーに0.5[tonF]の押さえ力を与えるが、解析上は1/4モデルであるのでホルダーの剛体に12.5[N]の押さえ荷重を与える。現象時間0.001[s]でパンチに50[mm]の強制変位を与える。板材はアルミニウムを想定しヤング率$E=70000$[MPa]、ポアソン比$\nu=0.33$、質量密度$\rho=2.7\text{E}-9$[ton/mm^3]とし、加工硬化曲線は文献に示されている次式から得られる区分点を用いた。

$$\sigma=336.2-250.8\exp(-6.242\bar{\varepsilon})\,[\text{MPa}] \tag{2.117}$$

異方性塑性の降伏関数はYld91として表2.3の2024-T3合金およびYld2004-18p

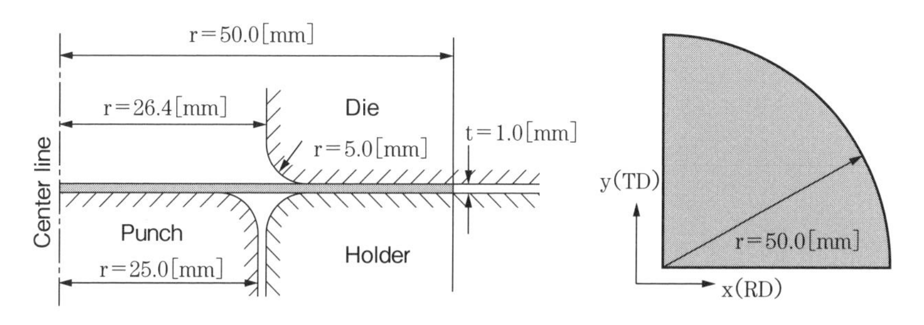

図2.67　深絞り成形モデルの断面図と1/4モデル

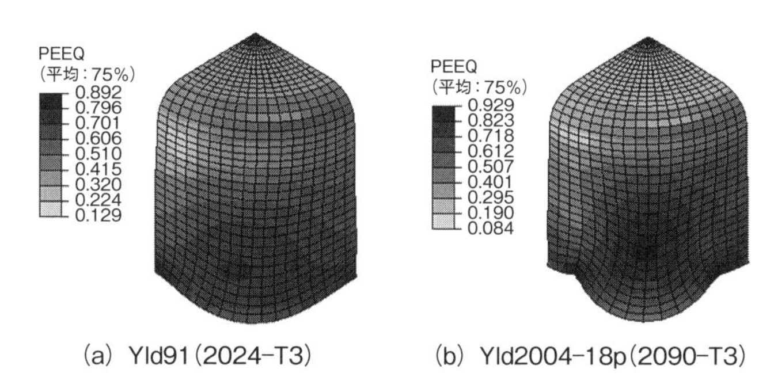

(a) Yld91(2024-T3)　　(b) Yld2004-18p(2090-T3)

図2.68　相当塑性ひずみ分布

として表 2.4 の 2090–T3 合金の 2 材料について確認した。それぞれの材料の Abaqus 入力データを Box 2.15 に示す。解析は陽的動解析で行った。

解析結果の相当塑性ひずみ分布と変形図を**図 2.68** に示す。2024–T3 合金で異方性が発現しており、Yoon らの結果と近い変形が得られている。Yld2004–18p を適用した 2090–T3 合金ではさらに異方性挙動が大きく、板成形加工におけるいわゆる耳（earing）の変形が強く出ている。

Box 2.15　Barlat モデルの入力データ

```
*MATERIAL, NAME=BARLAT
*DENSITY
 2.7E-09,
*ELASTIC
70000.0, 0.33
*PLASTIC                               ** 共通部分
 85.4,     0.0
 86.9606, 0.001
** 途中省略
 335.712, 1.0


*POTENTIAL, TYPE=BARLAT91, POWER=8
** Yld91 の材料パラメータ (2024-T3)
 1.378, 1.044, 0.955, 1.0, 1.0, 1.21
**  a ,   b ,   c , f , g ,   h


*POTENTIAL, TYPE=BARLAT, POWER=8
** Yld2004-18p の材料パラメータ (2090-T3)
 -0.069888, 0.936408, 0.079143, 1.003060, 0.524741, 1.363180,
0.477161, 0.534530
** c'1122 ,  c'1133 ,  c'2211 ,  c'2233 ,  c'3311 ,  c'3322 ,
c'1212  ,  c'1313
  0.511885, 0.981171, 0.476741, 0.575316, 0.866827, 1.145010,
-0.079294, 0.702310
** c'2323 ,  c"1122 ,  c"1133 ,  c"2211 ,  c"2233 ,  c"3311 ,
```

```
c"3322   , c"1212
  0.573550, 0.525830
** c"1313 ,  c"2323
*
```

2.14 超弾性（形状記憶合金）

形状記憶合金（SMA：Shape Memory Alloy）は、変形させた金属を温めると元に戻るという特殊な性質から、世の中でも広く認知されている。この機能は、家電業界ではコーヒーメーカーや炊飯ジャーなど、輸送機器業界ではオイル流路制御やブレーキ装置など幅広く応用されている。一方、この合金は形状記憶効果以外に超弾性（superelastic）という特性も持ち、女性の下着用のワイヤー、めがねフレームや医療用のガイドワイヤー、ステント、歯列矯正ワイヤーなどで我々の生活を豊かにしている。本節では、超弾性としての形状記憶合金を有限要素法に実装する手法と解析例について説明する。

2.14.1 形状記憶効果と超弾性

形状記憶合金の仕組みを**図 2.69** に示す。実線は形状記憶効果としてのサイクルであり、破線が超弾性としてのサイクルである。まず形状記憶としてのサイクルを説明する。図中(a)は母相（高温相）であり、金属のオーステナイト相（austenite）を示す。概念図として平滑な表面の母相の結晶があり、これをマルテンサイト（martensite）変態開始温度 θ_s^{AM} から[1] マルテンサイト変態終了温度 θ_f^{AM} まで冷却することで、原子はせん断変形的に連携移動して、正方形が平行四辺形（図中(b)）に変化する。これがマルテンサイト変態であり、内部に方位の異なる双晶ができる。このとき互いのひずみを打ち消し合うように双晶がで

[1] 以下、上付きの添え字の AM は母相（オーステナイト）からマルテンサイト相への変態、MA は逆変態を表す。また下付の添え字の s は開始、f は終了を意味する。

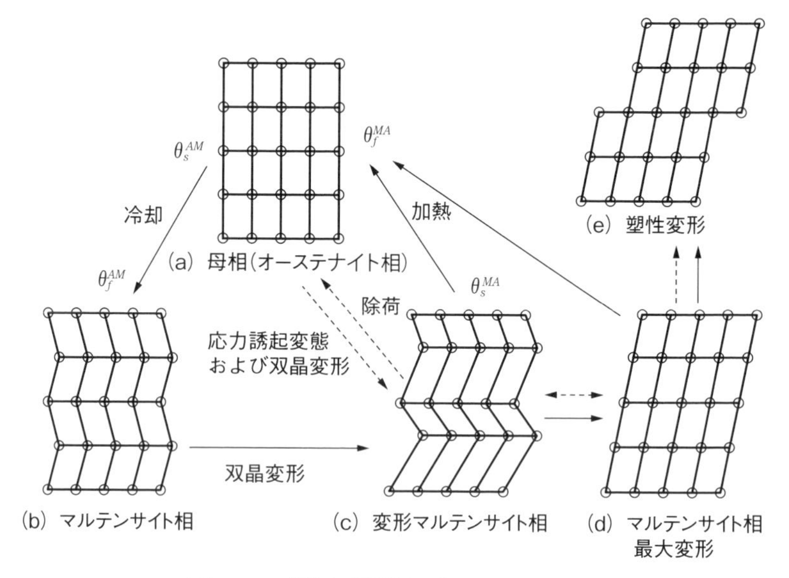

図 2.69 形状記憶効果と超弾性の模式図

きるので、外形はほとんど変化しない。この状態で外力を加えると図中(c)のように双晶境界が移動さらには図中(d)のように結晶の方位が変わることで全体の形が変わるが、オーステナイト変態開始温度 θ_s^{MA} からオーステナイト変態終了温度（マルテンサイト逆変態終了温度）θ_f^{MA} 以上に熱すると図中(a)の元の母相の形に状態に戻る。図中(d)はすべての双晶が同じ方位となったマルテンサイト相での最大変形を表しており、それ以上の外力が加わると図中(e)の塑性変形となり、加熱しても元に戻らない。

次に、超弾性としての点線のサイクルを説明する。マルテンサイト逆変態終了温度 θ_f^{MA} より高い温度で母相(a)に外力を加えると図中(c)および(d)の変形となるが、除荷するだけで形状回復する現象となる。これが超弾性という性質であり、応力でマルテンサイト変態が誘起されることによる。やはりこの場合も、最大変形を超える外力を受けると、塑性変形し外力を除荷しても元の母相(a)には戻らない。マルテンサイト相での双晶境界は非常に動きやすいため、金属であるにもかかわらずゴムのような非常に大きな変形を伴うことができる。

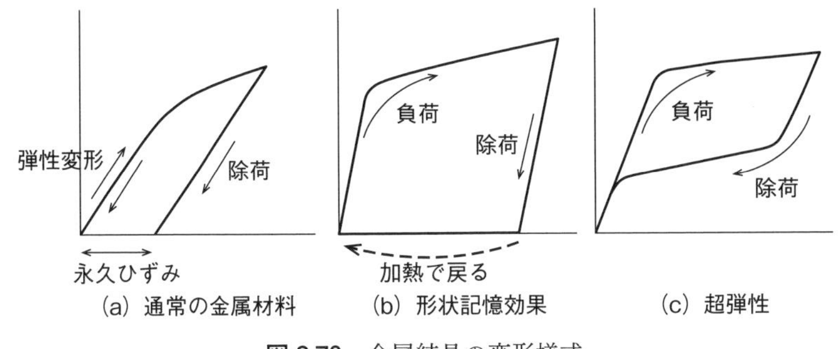

図 2.70　金属結晶の変形様式

図 2.70 には、通常の金属材料、形状記憶効果、超弾性の応力―ひずみ曲線を示す。いずれも縦軸が応力で横軸がひずみを表す。

2.14.2　有限要素法への実装

アウリッキオら（Auricchio & Taylor[28], Auricchio et al.[29]）は超弾性としての形状記憶効果を有限要素法に組み込んだ。Auricchio らの考え方を以下に示す。

(a)　相分率

金属中のマルテンサイト相の比率を ξ_M、オーステナイト相の比率を ξ_A としたとき、明らかに

$$\xi_A + \xi_M = 1 \tag{2.118}$$

であり、速度（増分）で表記すれば

$$\dot{\xi}_A + \dot{\xi}_M = 0 \tag{2.119}$$

となる。

(b)　変態ひずみ

弾性ひずみを ε^e、変態ひずみを ε^{tr} とすれば、全ひずみは

$$\begin{aligned}\varepsilon &= \varepsilon^e + \varepsilon^{tr} \\ &= \varepsilon^e + \varepsilon^L \varepsilon^{st}\end{aligned} \tag{2.120}$$

と表せる。ここで、ε^L は単軸変態ひずみであり、**図 2.71** で示すように最大の変態ひずみを表す。また ε^{st} は拡大変態ひずみ（scaled transformation strain）と

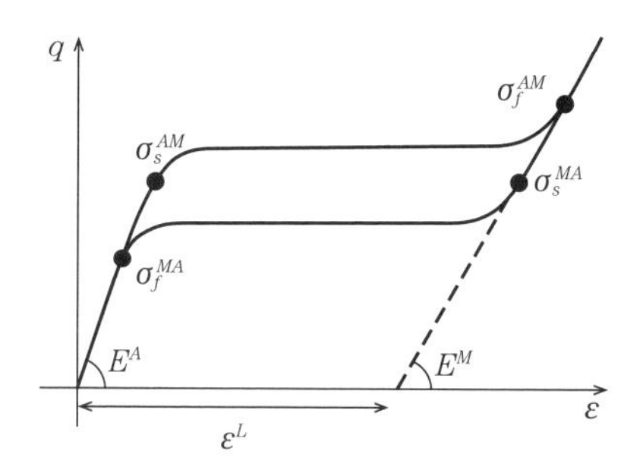

図 2.71　超弾性の単軸応答

いわれ、次式のように速度形式では各相変態のひずみ速度の和で表される。

$$\dot{\varepsilon}^{st}=\dot{\varepsilon}^{AM}+\dot{\varepsilon}^{MA} \tag{2.121}$$

図 2.71 は、材料の基準温度 θ_{ref} がマルテンサイト逆変態終了温度 θ_f^{MA} よりも高い状態における超弾性の挙動を示している。図中の各変数は σ_s^{AM} がマルテンサイト変態開始応力、σ_f^{AM} がマルテンサイト変態終了応力、σ_s^{MA} がマルテンサイト逆変態開始応力、σ_f^{MA} がマルテンサイト逆変態終了応力、E^A がオーステナイト弾性率、E^M がマルテンサイト弾性率であり、単軸変態ひずみの ε^L および基準温度 θ_{ref} と併せて、これらが超弾性の材料パラメータとなる。

(c)　オーステナイトからマルテンサイトへの変態（負荷時）

図 2.72 を参照して、マルテンサイト変態は次の関数で判断される。

$$F^{AM}(\sigma,\theta)=q+3\alpha p-C^{AM}\theta \tag{2.122}$$

$$F_s^{AM}=F^{AM}-R_s^{AM} \tag{2.123}$$

$$F_f^{AM}=F^{AM}-R_f^{AM} \tag{2.124}$$

ここで、

$$R_s^{AM}=\sigma_s^{AM}\left(\sqrt{\frac{2}{3}}+\alpha\right)-C^{AM}\theta_s^{AM} \tag{2.125}$$

$$R_f^{AM}=\sigma_f^{AM}\left(\sqrt{\frac{2}{3}}+\alpha\right)-C^{AM}\theta_f^{AM} \tag{2.126}$$

である。いくつかの金属での相変態には圧力依存性を持つため、式(2.122)の基本関数は Drucker–Prager の降伏条件に準じた関数が採用されている。q は

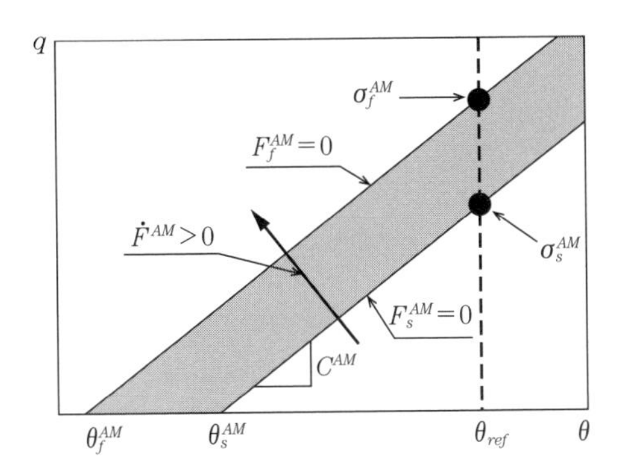

図 2.72　マルテンサイト変態の要件

式(1.27)の相当応力、p は式(1.26)の圧力である。係数 α は圧力依存性を表し、後の(e)にて説明するが、$\alpha=0$ であれば圧力依存性はなくなる。式(2.122)および(2.125)と(2.126)における C^{AM} は図 2.72 に示されており、マルテンサイト変態発生条件の応力と温度を関係づける傾きである。図2.72よりマルテンサイト変態は図中の薄墨領域で発生し、式(2.123)、(2.124)を用いれば

$$F_s^{AM}>0 \cap F_f^{AM}<0 \tag{2.127}$$

が必要条件となる。さらに、マルテンサイト変態の活性条件は、$\dot{F}^{AM}>0$ すなわち応力増加または冷却過程であることが図中からわかる。

(d)　マルテンサイトからオーステナイトへの変態（除荷時）

前の(c)と同様な考え方の元で、**図 2.73** を参照して、マルテンサイト逆変態は次の関数で判断される。

$$F^{MA}(\sigma,\theta)=q+3\alpha p-C^{MA}\theta \tag{2.128}$$

$$F_s^{MA}=F^{MA}-R_s^{MA} \tag{2.129}$$

$$F_f^{MA}=F^{MA}-R_f^{MA} \tag{2.130}$$

ここで、

$$R_s^{MA}=\sigma_s^{MA}\left(\sqrt{\frac{2}{3}}+\alpha\right)-C^{MA}\theta_s^{MA} \tag{2.131}$$

$$R_f^{MA}=\sigma_f^{MA}\left(\sqrt{\frac{2}{3}}+\alpha\right)-C^{MA}\theta_f^{MA} \tag{2.132}$$

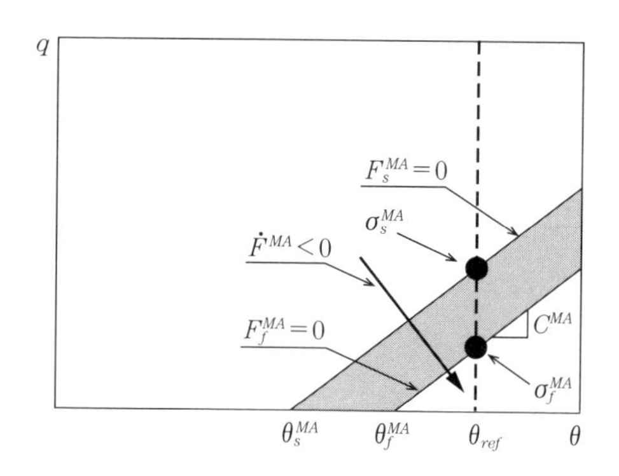

図 2.73　マルテンサイト逆変態の要件

である。式(2.128)および(2.131)と(2.132)における C^{MA} はマルテンサイト逆変態発生条件の応力と温度を関係づける傾きである。図2.73よりマルテンサイト逆変態は図中の薄墨領域で発生し、式(2.129)、(2.130)を用いれば

$$F_s^{MA}<0 \cap F_f^{MA}>0 \tag{2.133}$$

が必要条件となる。さらに、マルテンサイト逆変態の活性条件は、$\dot{F}^{MA}<0$ すなわち応力減少または昇温過程であることが図中からわかる。

(e)　圧力依存性

先に述べたように、いくつかの金属での相変態には圧力依存性を持つため、式(2.122)、(2.128)の基本関数は Drucker–Prager の降伏条件に準じた関数が採用されている。これらの式の係数 α は**図 2.74** を参照して、引張側のマルテンサイト変態開始応力 σ_s^{AM} と圧縮側のマルテンサイト変態開始応力 $(\sigma_s^{AM})_c$ を用いて

$$\alpha=\sqrt{\frac{2}{3}}\,\frac{(\sigma_s^{AM})_c-\sigma_s^{AM}}{(\sigma_s^{AM})_c+\sigma_s^{AM}} \tag{2.134}$$

で定義される。したがって、$(\sigma_s^{AM})_c=\sigma_s^{AM}$ であれば圧力依存性はなくなる。なお、式(2.134)を変形すれば

$$(\sigma_s^{AM})_c=\frac{\sqrt{2}+\sqrt{3}\alpha}{\sqrt{2}-\sqrt{3}\alpha}\,\sigma_s^{AM} \tag{2.135}$$

の関係が得られる。

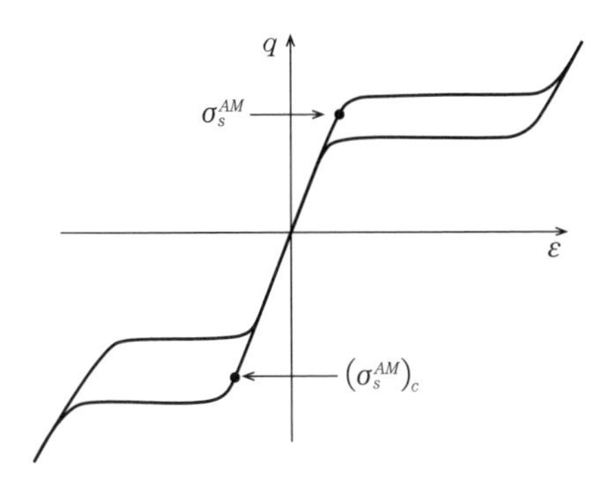

図 2.74　圧縮側も含めた超弾性の挙動

2.14.3　例題（荷重制御による超弾性の挙動）

Auricchio[29]らが例示した**表 2.5** の材料パラメータを用いて、様々な荷重制御の基での超弾性材料のゴム材料のような挙動について確認する。2.2.2 項の 1 要素軸対称モデルに様々な荷重条件を与える。Abaqus での超弾性の材料定義を

表 2.5　超弾性の材料パラメータ

パラメータ	物理的意味	値
E^A	母材(オーステナイト)弾性率	1000[MPa]
ν^A	母材(オーステナイト)ポアソン比	0.3
E^M	マルテンサイト弾性率	1000[MPa]
ν^M	マルテンサイトポアソン比	0.3
ε^L	単軸変態ひずみ	0.1
σ_s^{AM}	マルテンサイト変態開始応力	90[MPa]
σ_f^{AM}	マルテンサイト変態終了応力	150[MPa]
σ_s^{MA}	マルテンサイト逆変態開始応力	70[MPa]
σ_f^{MA}	マルテンサイト逆変態終了応力	30[MPa]
$(\sigma_s^{AM})_c$	圧縮側のマルテンサイト変態開始応力	90[MPa]
θ_{ref}	参照温度	160[℃]
C^{AM}	応力温度曲線の傾き(マルテンサイト変態)	1.0[MPa/℃]
C^{MA}	応力温度曲線の傾き(マルテンサイト逆変態)	1.0[MPa/℃]

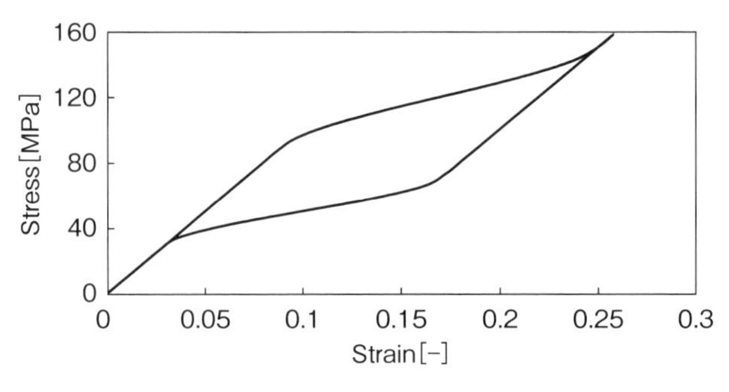

図 2.75　単純な負荷と除荷

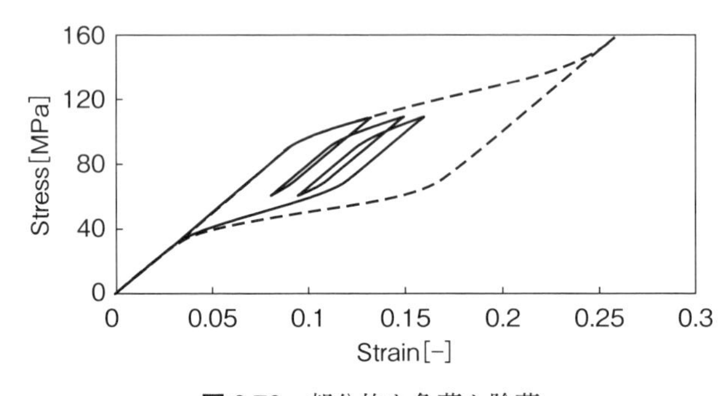

図 2.76　部分的な負荷と除荷

Box 2.16 に示す。なお材料パラメータではないが、初期温度を与える必要があるので、本例ではモデル全体に参照温度と同じ 160 ℃を設定した。

図 2.75 は、単純にマルテンサイト変態終了応力 σ_f^{AM} 以上の負荷（160[MPa]）を与えた後、ゼロまで除荷した解析結果であり、超弾性の挙動を正しく模擬できている。**図 2.76** は σ_f^{AM} 以下の部分的な負荷荷重と部分的な除荷のサイクルを与え、最終的に負荷をゼロとした結果である。ラチェット変形のような挙動となるが、最終的に完全除荷としたときひずみはゼロに戻る。図中の点線には、図 2.75 の単純な完全負荷除荷を併せて表記した。**図 2.77** は負荷と完全除荷のサイクルにおいて負荷荷重を徐々に増大させた結果である。ゴム材料の Mullins 効果[30][31]とは異なり、ヒステリシスを描くことに注意されたい。**図 2.78** は、マルテンサイト変態終了応力を超える完全負荷と部分的な除荷のサイ

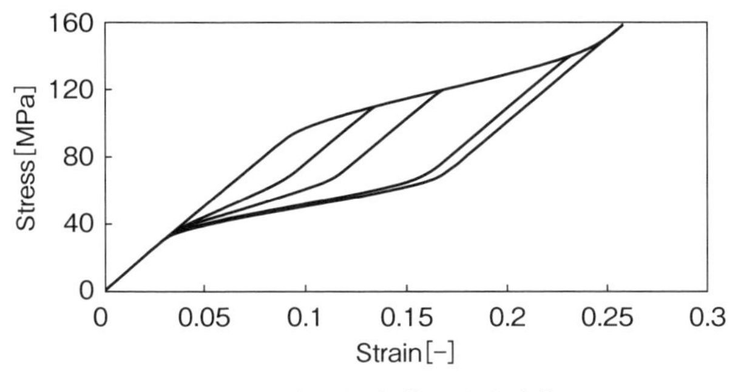

図 2.77　部分的負荷と完全除荷

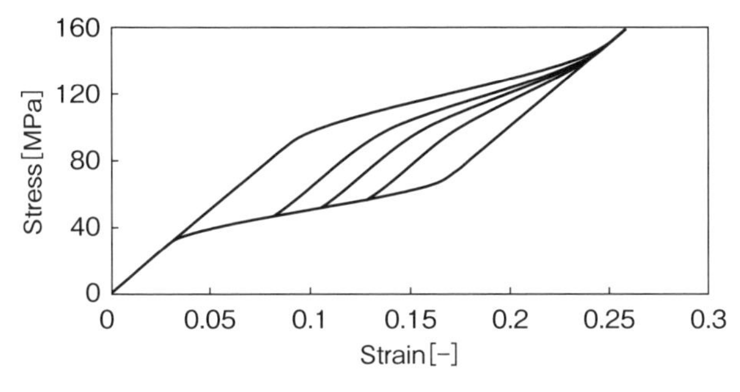

図 2.78　完全負荷と部分的除荷

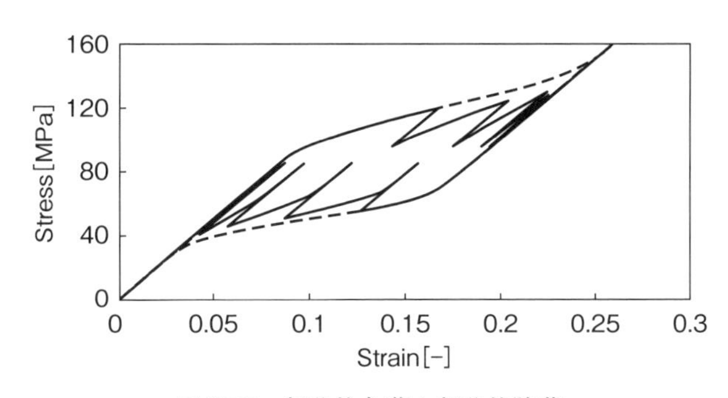

図 2.79　部分的負荷と部分的除荷

クルにおいて除荷荷重を徐々に減少させた結果である。この場合も除荷側でヒステリシスを描いている。**図 2.79** は部分的な負荷と部分的な除荷を与えた解析結果であり、通常の金属やゴム材料には見られない興味深い応答が得られている。

Box 2.16　超弾性材料の入力データ

```
*MATERIAL, NAME=SE
*ELASTIC
 1000.0, 0.3
**    E^A ,   ν^A
*SUPERELASTIC
 1000.0, 0.3, 0.1, 90.0, 150.0, 70.0, 30.0, 90.0
**    E^M ,   ν^M ,  ε^L ,  σs^AM ,    σf^AM ,  σs^MA , σf^MA  , (σs^AM)c,
**
 160.0,  1.0,  1.0
** θref ,  C^AM ,    C^MA
**
*INITIAL CONDITIONS, TYPE=TEMPERATURE
NALL, 160.0     ** 全節点の初期温度を 160 ℃に設定
```

2.14.4　例題（圧縮側の超弾性挙動）

2.14.2 項(e)で述べたように、いくつかの金属では圧縮側において圧力依存性を伴う。本例では圧力依存の材料パラメータ α の違いについて確認する。圧縮側のマルテンサイト変態開始応力 $(\sigma_s^{AM})_c$ 以外はすべて表 2.5 を用いて、引張と圧縮の荷重を 2.2.2 項の 1 要素軸対称モデルに負荷する。引張側のマルテンサイト変態開始応力 σ_s^{AM} はすべて 90[MPa] として、α に 3 種類の値を適用して式(2.135)より圧縮側のマルテンサイト変態開始応力 $(\sigma_s^{AM})_c$ は**表 2.6** となる。

解析結果を**図 2.80** に示す。引張側の挙動は変わらないが、α の値によって、圧縮側での挙動が変わっている。

表 2.6　圧縮側のマルテンサイト変態開始応力

α	0.0	−0.1	0.13
$(\sigma_s^{AM})_c$ [MPa]	90.0	70.36	124.1

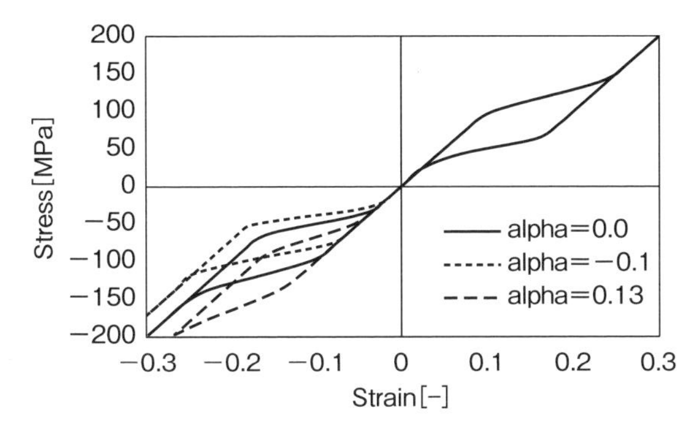

図 2.80　引張と圧縮テスト

文献

[1] Hill, R., "On Discontinuous Plastic States, with Special Reference to Localized Necking in Thin Sheets", *Journal of the Mechanics and Physics of Solids,* Vol. 1(1), pp. 19–30, 1952.

[2] Prager, W., "Recent Developments in the Mathematical Theory of Plasticity", *Journal of Applied Physics,* Vol. 20(3), pp. 235–241, 1949.

[3] Ziegler, H., "A Modification of Prager's Hardening Rule", *Quarterly of Applied Mathematics,* Vol. 17(1), pp. 55–65, 1959.

[4] 後藤芳顕，山口栄輝，濱崎義弘，磯江暁，野中哲也，林正挙，"鋼製円形変断面橋脚の耐震性評価に関する解析的研究"，土木学会　構造工学論文集，Vol. 45, pp. 197–205，1999.

[5] Armstrong, P. J., Frederick, C. O., "A Mathematical Representation of the Multiaxial Bauschinger effect", C.E.G.B., report RD/B/N 731, 1966.

[6] Chaboche, J. L., "Time-independent Constitutive Theories for Cyclic Plasticity", *International Journal of Plasticity,* Vol. 2(2), pp. 149–188, 1986.

[7] Lemaitre, J., Chaboche, J. L., "Mechanics of Solid Materials", Cambridge University Press, 1990.

[8] Besseling, J. F., "A Theory of Elastic, Plastic, and Creep Deformations of an Initially Isotropic Material Showing Anisotropic Strain-Hardening, Creep Recovery, and Secondary Creep", *Journal of Applied Mechanics,* Vol. 25(4), pp. 529–536, 1958.

[9] Ramberg, W., Osgood, W. R., "Description of Stress-Strain Curves by Three Parameters", National Advisory Committee for Aeronautics, *Tech. Note,* No. 902,

1943.

[10] Cowper, G. R., Symonds, P. S., "Strain Hardening and Strain Rate Effects in the Impact Loading of Cantilever Beams", *Brown University Applied Mathematics Report,* 1957

[11] Johnson, G. R., Cook, W. H., "Fracture Characteristics of Three Metals Subjected to Various Strains, Strain rates, Temperatures and Pressures", *Engineering Fracture Mechanics,* Vol. 21(1), pp. 31–48, 1985.

[12] Gurson, A. L., "Continuum Theory of Ductile Rupture by Void Nucleation and Growth: Part I—Yield Criteria and Flow Rules for Porous Ductile Media", *Journal of Engineering Materials and Technology,* Vol. 99, pp. 2–15, 1977.

[13] Tvergaard, V., "Influence of Voids on Shear Band Instabilities under Plane Strain Conditions", *International Journal of Fracture,* Vol. 17(4), pp. 389–407, 1981.

[14] Tvergaard, V., Needleman, A., "Analysis of the Cup-Cone Fracture in a Round Tensile Bar", *Acta Metallurgica,* Vol. 32(1), pp. 157–169, 1984.

[15] Chu, C. C., Needleman, A., "Void Nucleation Effects in Biaxially Stretched Sheets", *Journal of Engineering Materials and Technology,* Vol. 102, pp. 249–256, 1980.

[16] Aravas, N., "On the Numerical Integration of a Class of Pressure-Dependent Plasticity Models", *International Journal for Numerical Methods in Engineering,* Vol. 24, pp. 1395–1416, 1987.

[17] Hill, R., "A Theory of the Yielding and Plastic Flow of Anisotropic Metals", *Proceedings of the Royal Society of London A,* Vol. 193(1033), pp. 281–297, 1948.

[18] 野津健太郎，"回転引き曲げ工法における新構造型の開発"，塑性と加工，pp. 200–204，2018.

[19] Ishikawa, S., Ishikawa, Y., "Simulation of Pipe Bending Process with Abaqus", SIMULIA Community Conference, Berlin Germany, 2015.

[20] 石川善宏，石川覚志，"パイプ曲げ加工の成形性予測技術の開発"，SIMULIA Customer Conference Japan, 2015.

[21] Hosford, W. F., "A Generalized Isotropic Yield Criterion", *Journal of Applied Mechanics,* Vol. 32(2), pp. 607–609, 1972.

[22] Logan, R. W., Hosford, W. F., "Upper-bound Anisotropic Yield Locus Calculations Assuming ⟨111⟩-Pencil Glide", *International Journal of Mechanical Sciences,* Vol. 22(7), pp. 419–430, 1980.

[23] Karafillis, A. P., Boyce, M. C., "A General Anisotropic Yield Criterion using

Bounds and a Transformation Weighting Tensor", *Journal of the Mechanics and Physics of Solids,* Vol. 41(12), pp. 1859–1886, 1993.

[24] Barlat, F., Lege, D. J., Brem, J. C., "A Six-Component Yield Function for Anisotropic Materials", *International Journal of Plasticity,* Vol. 7(7), pp. 693–712, 1991.

[25] Bishop, J. F. W., Hill, R., "A Theoretical Derivation of the Plastic Properties of a Polycrystalline Face-Centered Metal", *The London, Edinburgh, and Dublin Philosophical Magazine and Journal of Science Series 7,* Vol. 42(334), pp. 1298–1307, 1951.

[26] Barlat, F., Aretz, H., Yoon, J. W., Karabin, M. E., Brem, J. C., Dick, R. E., "Linear transformation-based anisotropic yield functions", *International Journal of Plasticity,* Vol. 21(5), pp. 1009–1039, 2005.

[27] Yoon, J. W., Barlat, F., Dick, R. E., Chung, K., Kang, T. J., "Plane stress yield function for aluminum alloy sheets—part II: FE formulation and its implementation", *International Journal of Plasticity,* Vol. 20(3), pp. 495–522, 2004.

[28] Auricchio, F., Taylor, R. L., "Shape-memory alloys: modelling and numerical simulations of the finite-strain superelastic behavior", *Computer Methods in Applied Mechanics and Engineering,* Vol. 143(1–2), pp. 175–194, 1997.

[29] Auricchio, F., Taylor, R. L., Lubliner, J., "Shape-memory alloys: macromodelling and numerical simulations of the superelastic behavior", *Computer Methods in Applied Mechanics and Engineering,* Vol. 146(3–4), pp. 281–312, 1997.

[30] Mullins, L., "Effect of stretching on the properties of rubber", *Rubber Chemistry and Technology,* Vol. 21(2), pp. 281–300, 1948.

[31] Mullins, L., Tobin, N. R., "Theoretical model for the elastic behavior of filler-reinforced vulcanized rubbers", *Rubber Chemistry and Technology,* Vol. 30(2), pp. 555–571, 1957.

第3章

土質系材料

1956年に米国ボーイング社のターナーら（Turner et al.[1]）によって書かれたものが、有限要素法の考え方の最初の論文とされており、航空機の構造を理解するためにマトリックス構造解析法という手法が開発された。その4年後にターナーとの共著者の一人であるクラフ（Clough[2]）が発表した論文のタイトルに初めて有限要素法（Finite Element Method）という用語が使用された。有限要素法は航空機や船など大型の交通移動構造物の設計に利用されていたが、一方では建築構造物やその土台となる土の解析などにも適用され、発展した。すなわち、土木系の業界や学会の研究者による研鑽が有限要素法の発展を加速したといえる。本章では、主に土の有限要素解析に使われる非弾性材料について説明する。

Cloughの 論文の1年後に生まれたので
還暦を迎えましたが、まだまだ元気です

3.1 Mohr–Coulombの降伏条件

3.1.1 Mohr–Coulombの降伏条件

圧力依存性を持つ土質材料の破壊基準（降伏関数）の定式化において基本となっているのが、モール・クーロン（Mohr–Coulomb）の降伏条件である。Mohr–Coulombの降伏条件は、巨視的な塑性降伏現象は本質的に材料粒子間に生じる摩擦すべりに起因するという仮定に基づいており、材料内の任意の点のせん断応力τが、同じ平面内の垂直応力に線形比例したある値に達すると降伏するとされるものである。したがって、Mohr–Coulombの降伏条件式は

$$\tau = c - \sigma_n \tan\phi \tag{3.1}$$

と定義される。ここでcは粘着力（cohesion）であり、ϕは摩擦角（frictional angle）または内部摩擦角（angle of internal friction）といわれる。なお、ここで垂直応力σ_nは圧縮側で負である。

図3.1の模式図で式(3.1)の意味を確認してみよう。家が建っている土台の土質材料の粘着力が10[kPa]、摩擦角が30°であり、破壊曲面上のある点に作用している垂直応力が110[kPa]と仮定すると、崩壊荷重は

$$\tau = c - \sigma_n \tan\phi = 10 - (-110)\tan 30° = 73.5\,[\mathrm{kPa}]$$

と見積もられる。したがって、点に作用しているせん断応力が73.5[kPa]以下であれば、この家は安全と評価できる。

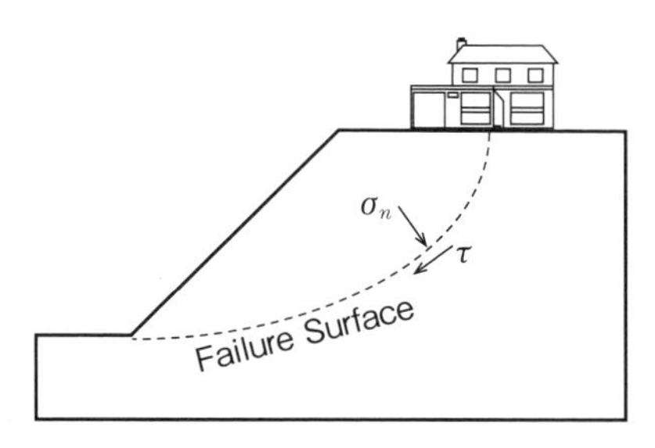

図3.1 Mohr–Coulombの破壊条件の概念

▶3.1.2 Mohr-Coulombの２次元表示

Mohr-Coulombの降伏包絡面は、式(3.1)が成り立つ応力状態の集合から作られる面であり、２次元表示では**図 3.2** の Mohr 円に示すように最大主応力円に接する直線となる。したがって、Mohr-Coulombでの弾性域は、３つの Mohr 円が臨界線の内側にある応力状態である。図 3.2 より最大せん断応力 $\tau_m=(\sigma_1-\sigma_3)/2$ と平均値 $\sigma_m=(\sigma_1+\sigma_3)/2$ を用いれば

$$\tau=\tau_m\cos\phi=\frac{\sigma_1-\sigma_3}{2}\cos\phi \tag{3.2}$$

$$\sigma_n=\sigma_m+\tau_m\sin\phi=\frac{\sigma_1+\sigma_3}{2}+\frac{\sigma_1-\sigma_3}{2}\sin\phi \tag{3.3}$$

であるので、式(3.1)に代入すれば

$$\frac{\sigma_1-\sigma_3}{2}\cos\phi=c-\left(\frac{\sigma_1+\sigma_3}{2}+\frac{\sigma_1-\sigma_3}{2}\sin\phi\right)\tan\phi \tag{3.4}$$

となり、さらに次式のように主応力で書き換えられる。

$$(\sigma_1-\sigma_3)+(\sigma_1+\sigma_3)\sin\phi=2c\cos\phi \tag{3.5}$$

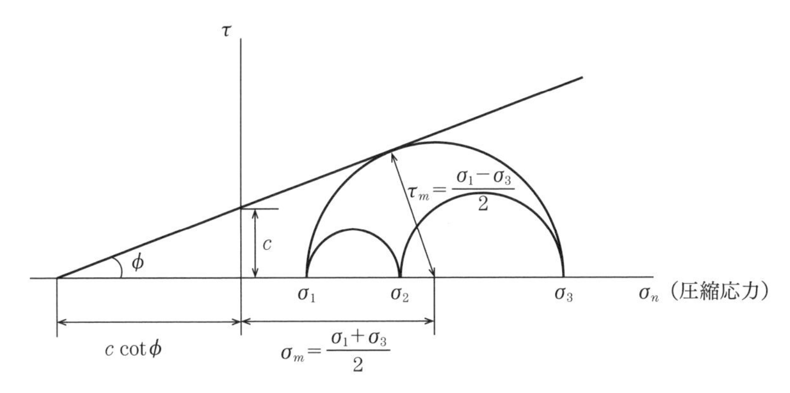

図 3.2 Mohr-Coulomb の降伏基準の Mohr 円による表示

3.1.3 直接せん断試験機

Mohr-Coulomb の降伏条件における 2 つの材料パラメータ c と ϕ は、直接せん断試験機などで得られる。**図 3.3** に試験機の模式図を示す。試験機の大きさやタイプによるが、薄墨の砂の供試体は 10cm×10cm で厚さが 2.5cm などである。これに一定の垂直荷重を負荷した後、せん断荷重を負荷して荷重とすべり方向の変位を計測する。垂直荷重に 3 水準を取れば、**図 3.4** のような結果が得られる。圧縮側を正として垂直応力とせん断応力の関係を近似直線で示せば**図 3.5** となり、この供試体の場合粘着力 $c=9.5$[kPa]、摩擦角 $\phi=24.2°$ と得られる。

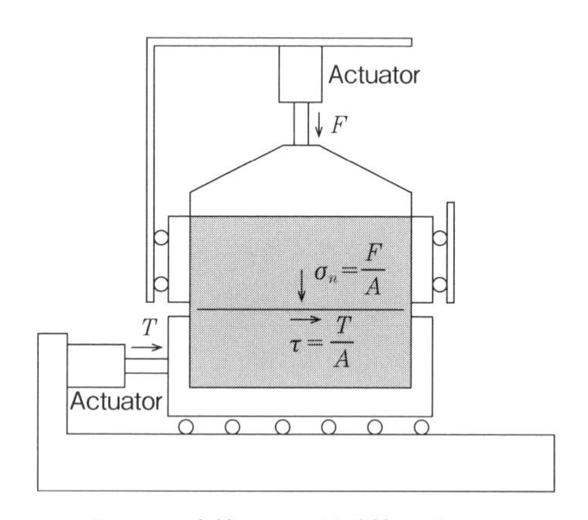

図 3.3 直接せん断試験機の模式図

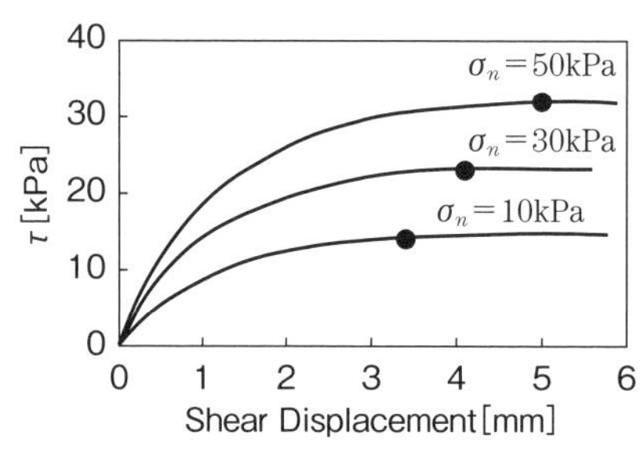

図 3.4 直接せん断試験機の結果例

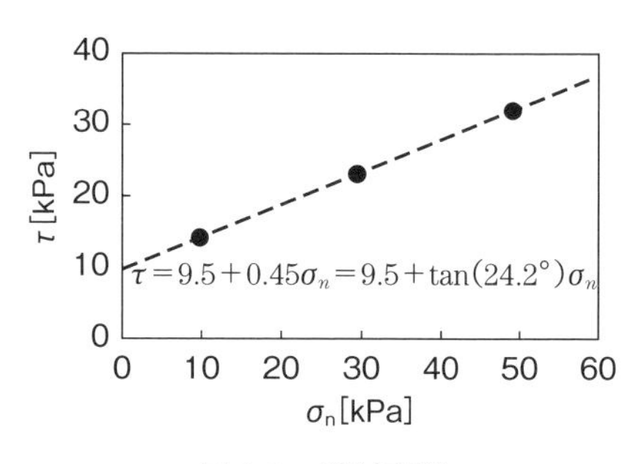

図 3.5 近似直線

ここでは最も簡単な直接せん断試験機によるMohr–Coulombの材料パラメータの取得方法を示したが、これ以外にも3軸圧縮試験機による圧密排水試験、圧密非排水試験、非圧密非排水試験での取得方法があり、文献［3］に詳細に記されている。

3.1.4 Mohr–Coulombの不変量表示

一般の応力状態に対して、式(1.27)の相当応力qと、式(1.26)の圧力変数pを使ってMohr–Coulombの降伏条件は次式で表される。

$$F \equiv R_{mc} q - p \tan\phi - c = 0 \tag{3.6}$$

ここで、R_{mc}は式(1.29)のLode角（偏差立体角）θで計算される次式の曲面の大きさである。

$$R_{mc}(\theta, \phi) = \frac{1}{\sqrt{3}\cos\phi}\sin\left(\theta + \frac{\pi}{3}\right) + \frac{1}{3}\cos\left(\theta + \frac{\pi}{3}\right)\tan\phi \tag{3.7}$$

式(3.6)より、Mohr–Coulombの降伏曲面は、2次元π平面では**図3.6**の六角形として、3次元主応力空間では**図3.7**の六角錐の曲面として図示できる。これらの図では、$\phi = 25°$の状態でのMohr–Coulombの降伏曲面を表示してあり、次節で説明するDrucker–Pragerの降伏曲面も併せて示した。なお、$\phi = 0$の場合、

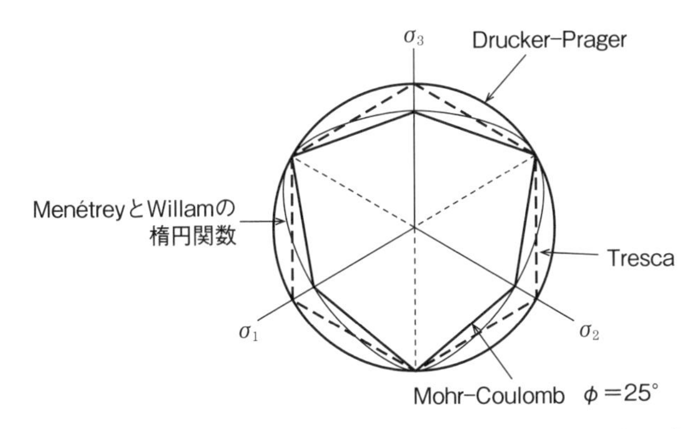

図3.6　π平面におけるMohr–Coulombの降伏曲面とその他の表示

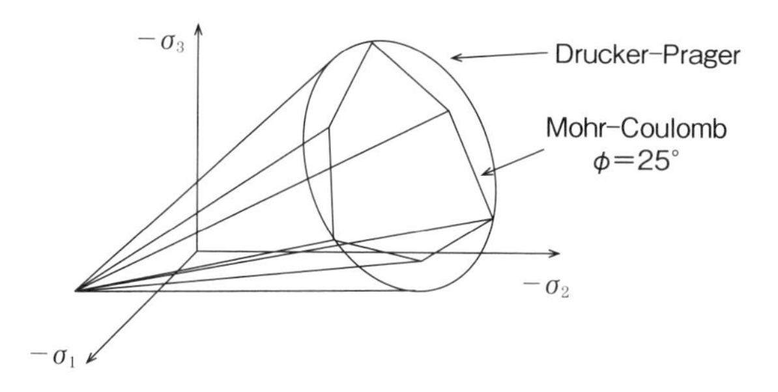

図 3.7　主応力空間における Mohr–Coulomb と Drucker–Prager の降伏曲面

2.1 節で説明した Tresca の降伏曲面（図 3.6 の点線）と一致する。

3.1.5 Mohr–Coulombの降伏曲面上の塑性流れ

図 3.7 より、Mohr–Coulomb の降伏曲面では 6 平面の交差部分（稜線）および六角錐の頂点で微分可能でないこと、つまり塑性ひずみ増分を得られないことがわかる。これに対処する 1 つの方法として、偏差応力平面では次の滑らかな塑性ポテンシャル G を用いる数値計算手法がある。

$$G=\sqrt{(e_1 c\tan\psi)^2+(R_{mw}q)^2}-p\tan\psi \tag{3.8}$$

ここで、e_1 は**図 3.8** に示す子午線平面での偏心パラメータであり、六角錐の頂点を滑らかにする処理である。ψ は図 3.8 で示される膨張角であり、R_{mw} はメネトレイとウィリアム（Menétrey & Willam[4]）が提案した次式の楕円関数である。

$$R_{mw}(\theta,e_2)$$
$$=\frac{4(1-e_2{}^2)\cos^2\theta+(2e_2-1)^2}{2(1-e_2{}^2)\cos\theta+(2e_2-1)\sqrt{4(1-e_2{}^2)\cos^2\theta+5e_2{}^2-4e_2}}R_{mc}\left(\frac{\pi}{3},\phi\right) \tag{3.9}$$

上式の最後の係数 R_{mc} は式(3.7)より

$$R_{mc}\left(\frac{\pi}{3},\phi\right)=\frac{3-\sin\phi}{6\cos\phi} \tag{3.10}$$

である。一般に偏差平面での偏心パラメータ e_2 は摩擦角を用いて

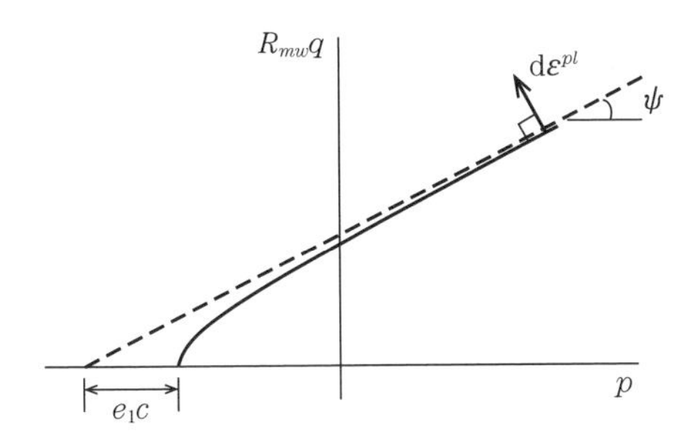

図 3.8　子午線平面での流れポテンシャル

$$e_2=\frac{3-\sin\phi}{3+\sin\phi} \tag{3.11}$$

が適用される。楕円が、凸で滑らかである必要から $1/2<e_2\leq 1$ でなければならない。既に図 3.6 に図示されているように Menétrey と Willam の楕円ポテンシャル関数の曲面は、本来の Mohr–Coulomb の頂点がなだらかになるよう処理される。

$\psi=0$ の場合には非弾性変形に体積変化は含まれず、$\psi>0$ の場合では材料は膨張するので、ψ は膨張角といわれる。厳密な解析解として考えると $\phi=\psi$ の場合は連合流れ則といえる。しかし、Mohr–Coulomb 則の塑性流れは一般に非連合流れであるため、$\phi=\psi$ であっても有限要素解析では非対称マトリックスでの求解が望ましい。

本項で述べた数値計算上の手法は滑らかな演算を行うためであるが、物理的にも Mohr–Coulomb の多角錐の稜線および頂点を丸めているに過ぎない。別の計算手法として多曲面として取り扱う方法が示されている。（文献［5］など）

▶ 3.1.6　例題（粒状材料の大ひずみ有限変形）

粒状材料の大ひずみ有限変形解析を行い、Mohr–Coulomb の非線形性を確認する。カーターら（Carter et al.[6]）は、単位長さの正方形を用いて平面ひずみ場での単軸引張と単軸圧縮における Mohr–Coulomb の解析解を示した。弾性体お

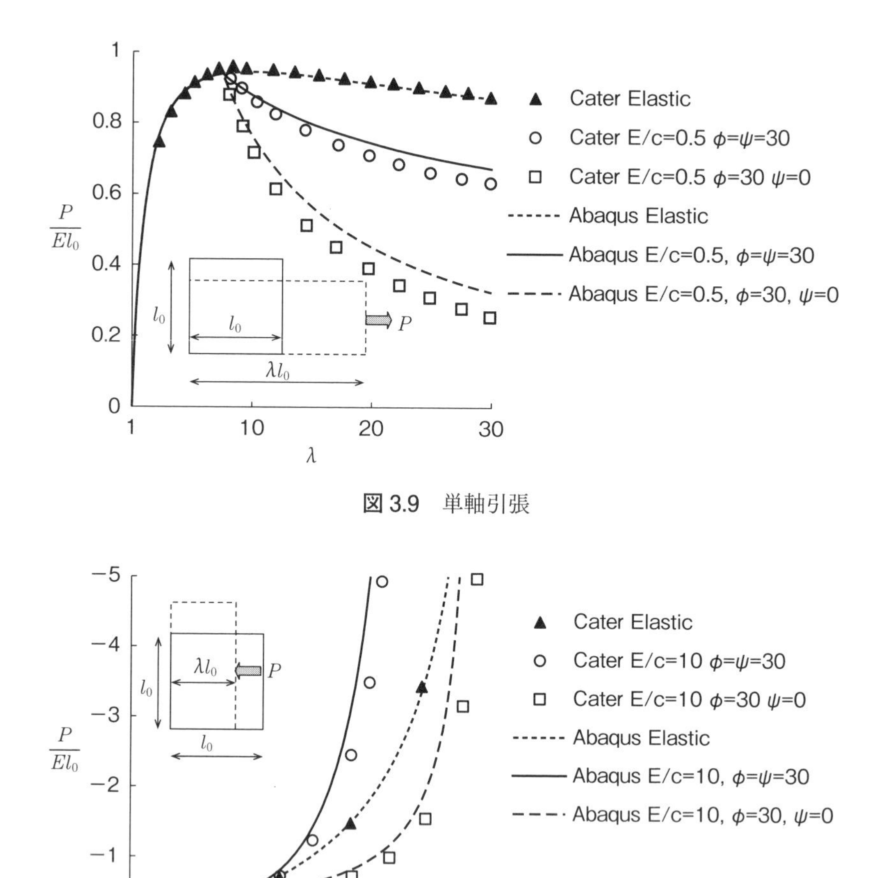

図 3.9　単軸引張

図 3.10　単軸圧縮

よび Mohr–Coulomb の連合流れ則と非連合流れ則での引張の結果が**図 3.9** に、圧縮の結果が**図 3.10** のシンボルプロットで示されている。いずれも横軸が伸長比で、縦軸が引張力または圧縮力をヤング率と長さで除して正規化した値である。ヤング率 E と粘着力 c の比率が重要なパラメータであり、引張では $E/c=0.5$ が、圧縮では $E/c=10$ が想定されている。摩擦角はいずれも $\phi=30°$ であり、膨張角が $\phi=\psi=30°$ の連合流れ則と $\phi\neq\psi=0°$ の非連合流れ則が検討されている。

それぞれの変形モードにおける Abaqus での解析結果として、弾性解を点線、連合流れ則を実線、非連合流れ則を長破線で示している。弾性解は Carter らの結果と良好に一致している。Mohr–Coulomb の結果が若干ずれているが、Carter らは Mohr–Coulomb の古典的な数値解を示しており、有限要素法の結果は Mohr–Coulomb の降伏曲面の平滑化を行っているためである。

連合流れ則の Mohr–Coulomb 材料を使った引張条件の Abaqus 入力データを Box 3.1 に示す。本例では、ヤング率と粘着力の比率が重要であるので、ヤング率は単位大きさとして 1.0 を与え、粘着力は Carter らの文献に従って引張解析では 2.0、圧縮解析では 0.1 を与えた。要素大きさは単位長さとし、右側の節点２と３の間に多点拘束条件を設定した。この方程式拘束により、独立節点２番の反力が図 3.9 の縦軸を表し、座標位置が伸長比つまり横軸を表すことになるので、後処理を簡便に行える。

Box 3.1　Mohr–Coulomb モデルの引張条件の入力データ

```
*HEADING
** CARTER: MOHR COULOMB MATERIAL E/C=0.5 PHI=30 PSI=30
*NODE                                ** 節点座標の定義
 1, 0.0, 0.0
 3, 1.0, 1.0
 4, 0.0, 1.0
*NODE, NSET=NOUT                     ** 節点座標を定義し、集合名を与える
 2, 1.0, 0.0
*ELEMENT, TYPE=CPE4R, ELSET=EALL     ** 平面ひずみ低減積分要素の定義
1, 1, 2, 3, 4
*SOLID SECTION, ELSET=EALL, MATERIAL=MC
*EQUATION                  ** 線形方程式拘束　1.0×u3x-1.0×u2x=0
2
3, 1, 1.0
2, 1, -1.0
*MATERIAL, NAME=MC                   ** Mohr-Coulomb 材料定義
```

```
*ELASTIC
  1.0, 0.3
**  E,  ν
*MOHR COULOMB
  30.0,  30.0                          ** 摩擦角と膨張角
**    φ,  ψ
*MOHR COULOMB HARDENING
  2.0,  0.0                            ** 粘着力
** c
*STEP, NLGEOM=YES, UNSYMM=YES          ** 有限変形理論の適用、非対称ソルバー
*STATIC                                ** 静的解析
0.01, 1.0, 1E-05, 0.01
*BOUNDARY                    ** 境界条件
1, 1, 2                      ** 節点1番はxとy自由度拘束
4, 1, 1                      ** 節点4番はx自由度拘束
2, 2, 2                      ** 節点2番のy自由度拘束
2, 1, 1, 30.0                ** 節点2番のx自由度に30.0の強制変位
*OUTPUT, HISTORY             ** 履歴出力の設定
*NODE OUTPUT, NSET=NOUT
COOR1, RF1                   ** 独立節点のX座標と反力の履歴出力
*END STEP
```

3.1.7　例題（斜面の安定性）

図3.11に示す自重による斜面の安定性の問題を高次の平面ひずみ要素で解析する。チェン（Chen[7]のp. 406）は、斜面の限界高さH_cは地盤材料の粘着力cと単位体積重量γおよび安定化係数N_sを使って、次式で得られることを示した。

$$H_c \leq \frac{c}{\gamma} N_s \tag{3.12}$$

安定化係数N_sは、地盤材料の摩擦角ϕと斜面の角度βから決まる係数であり、$\phi=15°$、$\beta=30°$の場合、$N_s=21.71$であることをChen（文献［7］のTable9.1）が提示している。本例で、地盤材料の密度を$\rho=2.6\mathrm{E}-9[\mathrm{ton/mm^3}]$とすれば単位体積重量は

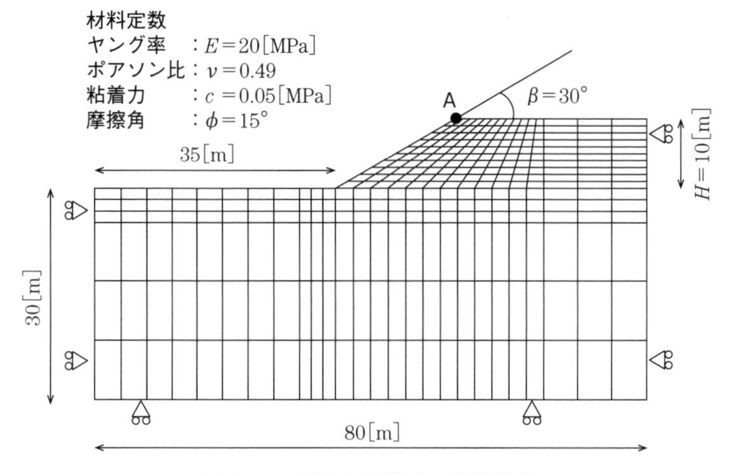

図 3.11　斜面安定問題の解析条件

$$\gamma=\rho g=2.6\mathrm{E}-9\left[\frac{\mathrm{ton}}{\mathrm{mm}^3}\right]\times 9800\left[\frac{\mathrm{mm}}{\mathrm{s}^2}\right]=2.5\mathrm{E}-5\left[\frac{\mathrm{N}}{\mathrm{mm}^3}\right] \tag{3.13}$$

となる。解析上は、崩壊荷重を求めるために 10 倍の物体力として $\gamma=2.5\mathrm{E}-4$ を与えて弧長増分法を用いて解析する。弧長増分法はリックス（Riks[8][9]）などによって開発された計算手法であり、座屈荷重の算定や座屈後の挙動を得るために使用される。この手法では、計算条件として与えた全荷重に対する比例係数自体が未知数であり、この荷重比例係数も結果として出力される。

Abaqus の解析結果として、荷重比例係数（LPF：load proportional factor）と節点 A の鉛直方向変位の関係を**図 3.12** に示す。崩壊が始まったところでの荷重比例係数は 0.442 なので、有限要素法による安定化係数は式(3.12)を逆算して

$$N_s=H\frac{\gamma}{c}\times\mathrm{LPF}=10000\times\frac{2.5\mathrm{E}-4}{0.05}\times 0.442=22.1 \tag{3.14}$$

となり、Chen が示した安定化係数 21.71 と同等の結果が得られている。つまり地盤材料の密度がおよそ 4.4 倍となるか、あるいはそれに相当する建屋が設置されている場合に斜面の安定性がなくなり、崩壊することが予測される。相当塑性ひずみ分布を**図 3.13** に示す。図 3.1 で示した模式図での破壊曲面と同等な

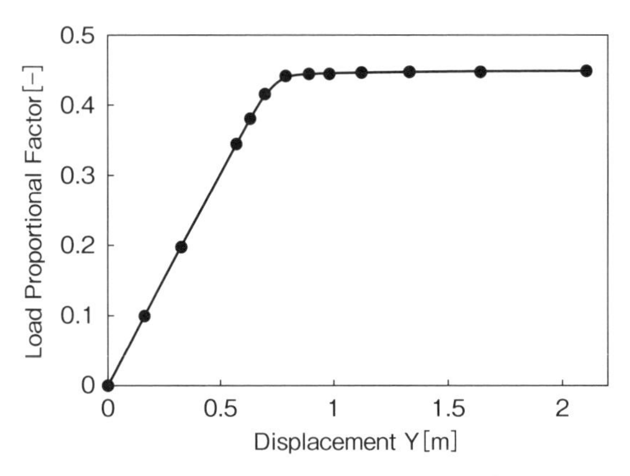

図 3.12　荷重比例係数―変位曲線

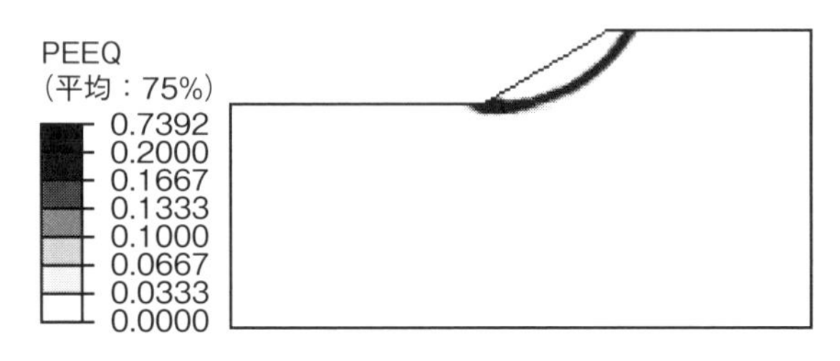

図 3.13　相当塑性ひずみコンター

すべり線を明瞭に確認することができる。

3.2　Drucker-Pragerの降伏条件

3.2.1　Drucker-Pragerの降伏条件

Mohr-Coulombの降伏条件を滑らかに近似する手法が、ドラッカーとプラガー（Drucker & Prager[10]）により提案された。この条件は、Misesの降伏条件に次のように付加項を加えることにより、降伏における静水圧の影響を考慮している。

$$F = \alpha I_1 + \sqrt{J_2} = K \tag{3.15}$$

ここで、I_1 は式(1.18)の応力の第１不変量であり、J_2 は式(1.23)の偏差応力の第２不変量である。K はせん断降伏応力に相当するパラメータである。

商用の有限要素法では、第１不変量の代わりに圧力 $p=-I_1/3$ を、第２不変量の代わりに相当応力 $q=\sqrt{3J_2}$ を適用し、次式のように定義されていることが多い。

$$F = q - \eta p - d = 0 \tag{3.16}$$

この場合、$\eta = 3\sqrt{3}\,\alpha$、$d = \sqrt{3}\,K$ の関係となる。主応力空間での式(3.16)は、図3.7 で既に示した円錐面となり、$\eta = 0$ のときは Mises の降伏条件つまり円筒面となることが式の上でも明らかである。

q–p（相当応力—圧力）平面の子午線上での Drucker–Prager の降伏曲面と塑性流れの方向を**図 3.14** に示す。ここで d は粘着力、β は Drucker–Prager モデルの摩擦角を表し $\eta = \tan\beta$ であり、ψ は膨張角である。図からわかるように通常は $\psi \leq \beta$ であり、$\psi = \beta$ であれば塑性ひずみの方向は降伏曲面に垂直となり、連合流れ則となる。$\psi \neq \beta$ の場合、非連合流れ則となるので非対称マトリックスでの求解が望ましい。

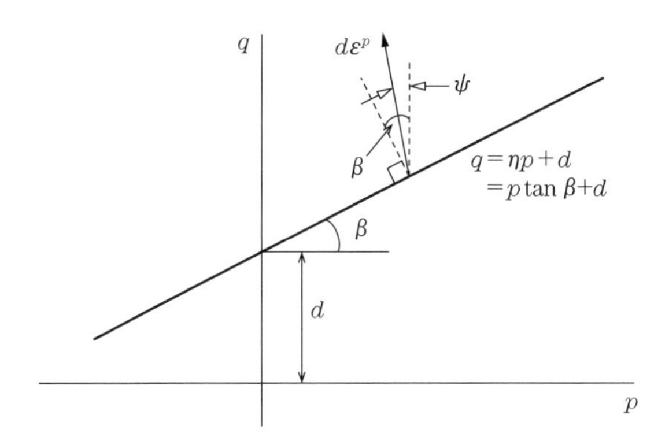

図 3.14　Drucker–Prager モデルの降伏曲面と塑性流れの方向

3.2.2 Mohr–Coulombの降伏条件との近似

Drucker–Pragerの降伏条件をMohr–Coulombの降伏条件に近似させるにはいくつかの考え方がある[11][12]。**図3.15**を参照して、Mohr–Coulombの稜線の外側でDrucker–Pragerを一致させるには、Mohr–Coulombの摩擦角ϕと粘着力cを用いて

$$\eta = \tan\beta = \frac{6\sin\phi}{3-\sin\phi},\quad d = \frac{6\cos\phi}{3-\sin\phi}c \tag{3.17}$$

とすればよく、これは3軸圧縮に相当する。一方、内側の稜線で一致させるには

$$\eta = \tan\beta = \frac{6\sin\phi}{3+\sin\phi},\quad d = \frac{6\cos\phi}{3+\sin\phi}c \tag{3.18}$$

となり、これは3軸引張に相当する。また、土の解析では平面ひずみ状態で解析することが多く、この場合は

$$\eta = \tan\beta = \frac{3\sqrt{3}\tan\phi}{\sqrt{9+12\tan^2\phi}},\quad d = \frac{3\sqrt{3}}{\sqrt{9+12\tan^2\phi}}c \tag{3.19}$$

の関係となる。

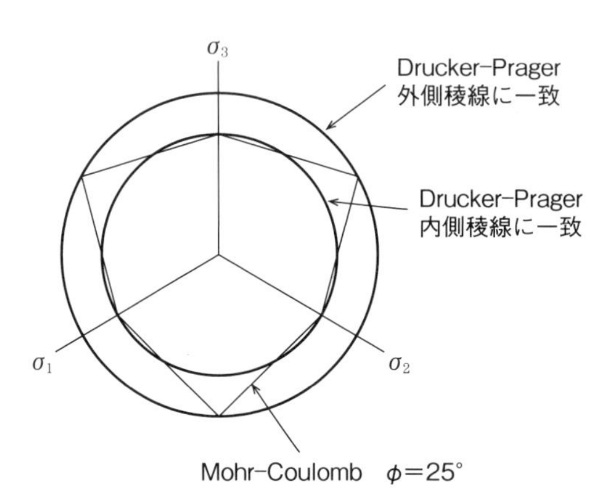

図3.15 Mohr–Coulombの降伏条件とDrucker–Pragerの降伏条件の近似

3.2.3 Drucker–Pragerモデルの拡張

Abaqusではオリジナルの Drucker–Prager モデルに対して、実材料の挙動あるいは数値計算上での工夫として、いくつかの拡張を行っている。本項ではそれらの拡張された数値計算手法とその意味について説明する。

(a) 非円形の降伏曲面

図 3.15 に示すように Drucker–Prager の降伏曲面は偏差応力平面で Mises の円となる。これは圧縮と引張で同じ降伏応力を持つことを意味するが、実際の土質材料では 3 軸圧縮と 3 軸引張で異なる降伏応力となる場合がある。そこで、式(3.16)の q の代わりに 3 軸圧縮時の降伏応力に対する 3 軸引張り時の降伏応力の比率 K を用いた修正応力 t を用いて、次式のように拡張する。

$$\left.\begin{aligned} t&=\frac{1}{2}q\left[1+\frac{1}{K}-\left(1-\frac{1}{K}\right)\left(\frac{r}{q}\right)^3\right] \\ F&=t-\eta p-d=0 \end{aligned}\right\} \tag{3.20}$$

ここで r は偏差応力の第 3 不変量で計算される式(1.28)の状態量である。

降伏応力比率 K の違いを**図 3.16** に示す。$K=1.0$ であれば式(3.20) は元の式(3.16) となり、引張と圧縮で同じ降伏応力を持つオリジナルの Drucker–Prager 則となる。図 3.16 では $K=0.8$ の状態を破線で示しており、圧縮側は変わらないが引張側の降伏応力が小さいことがわかる。降伏応力比率 K は、実際

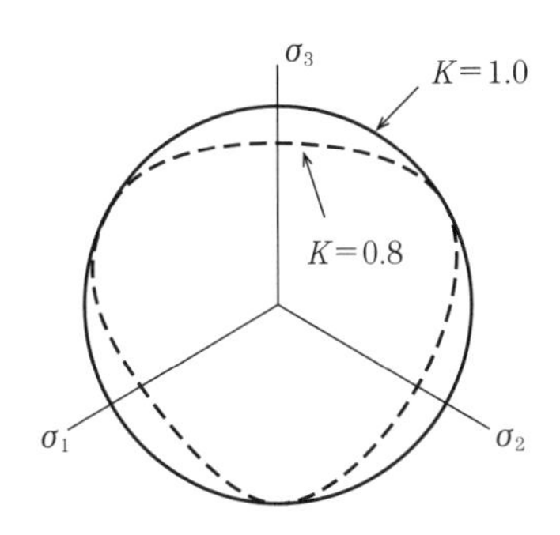

図 3.16　降伏応力比率 K

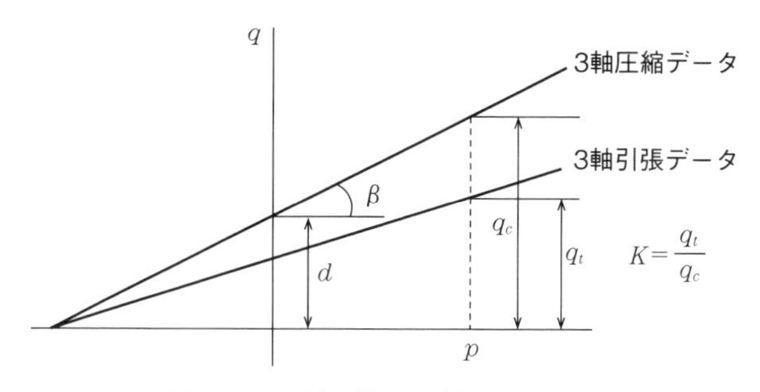

図 3.17　3 軸圧縮と 3 軸引張データ

の材料試験における**図 3.17** の同一の圧力 p における 3 軸圧縮応力と 3 軸引張応力の比率から得られる。

(b)　双曲線型の降伏曲面

オリジナルの Drucker–Prager モデルでは円錐型の降伏曲面となるが、円錐頂点は特異点となる。その特異点に双曲線関数を適用して滑らかな取り扱いを行うのが、**図 3.18** の実線で示す双曲線型の降伏曲面である。物理的には、引張応力領域での限界を表す Rankine 条件を円錐頂点に適用して高い拘束圧力の Drucker–Prager 条件と滑らかに接続するものである。降伏関数は

$$F=\sqrt{l_0^2+q^2}-p\tan\beta-d'=0 \tag{3.21}$$

となり、l_0 は丸め長さ、d' は硬化パラメータである。実験で得られる初期静水圧引張強さ p_t、粘着力 d、摩擦角 β より、次の関係となる。

$$d'=\sqrt{l_0^2+d^2} \tag{3.22}$$

$$l_0=d'-p_t\tan\beta \tag{3.23}$$

また、上の 2 式より

$$l_0=[d^2-(p_t\tan\beta)^2]/(2p_t\tan\beta) \tag{3.24}$$

と表記できる。すなわち、実験で得られた粘着力 d、摩擦角 β、初期静水圧引張強さ p_t より丸め長さ l_0 と修正粘着力 d' を求め、Rankine 曲面（摩擦角が垂直）に接するような降伏関数を適用している。なお、摩擦角 β は高い拘束圧力の元での計測が望ましい。

図 3.18 には、$d=0.8$、$\beta=\psi=25°$、$p_t=1.1$ としたときの理論解を実線で、単

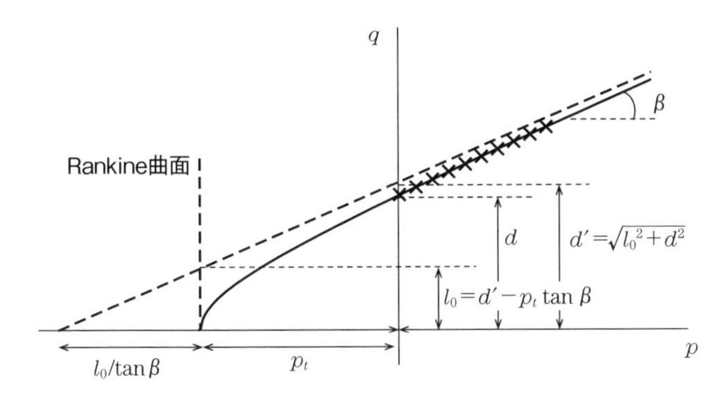

図 3.18　双曲線型 Drucker–Prager モデル

純せん断を与えたときの Abaqus の解析結果を×のシンボルで示してある。物性値入力を Box 3.2 に示す。

Box 3.2　双曲線型 Drucker–Prager モデルの入力データ

```
*MATERIAL, NAME=DP-HYPERBOLIC
*DRUCKER PRAGER, SHEAR CRITERION=HYPERBOLIC
  25.0, 1.1, , 25.0
**    β,  pt , ,   ψ
*DRUCKER PRAGER HARDENING, TYPE=SHEAR
   0.8, 0.0
**    d,  ε^p
*ELASTIC
  1.0,
**  E,
```

(c)　一般指数関数型の降伏曲面

より一般的な曲面を扱うため、指数関数を用いた次式の降伏関数が考案されている。

$$F = aq^b - p - p_t = 0 \tag{3.25}$$

a と b は材料パラメータであり、静水圧引張り強度を表す硬化パラメータ p_t は粘着力 d を用いて次式で得られる。

$$p_t = ad^b \tag{3.26}$$

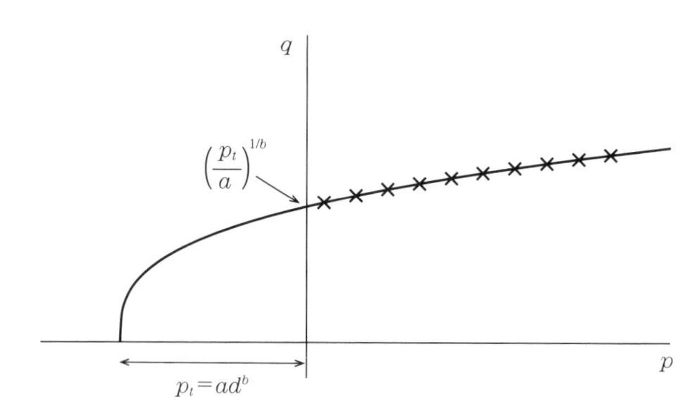

図 3.19　一般指数関数型 Drucker–Prager モデル

実用的には、3 軸試験における異なる拘束圧力における相当応力と圧力を q–p 平面にプロットし、それを最小自乗法などで最適化することで材料パラメータを得ることができる。

図 3.19 には、$a=2.0$、$b=3.0$、$d=0.8$、$\psi=25°$ としたときの理論解を実線で、単純せん断を与えたときの Abaqus の解析結果を×のシンボルで示してある。物性値入力を Box 3.3 に示す。

Box 3.3　一般指数関数型 Drucker–Prager モデルの入力データ

```
*MATERIAL, NAME=DP-GENERAL
*DRUCKER PRAGER, SHEAR CRITERION=EXPONENT FORM
  2.0, 3.0, ,25.0
**  a,   b, , ψ
*DRUCKER PRAGER HARDENING, TYPE=SHEAR
   0.8, 0.0
**   d, ε^p
*ELASTIC
  1.0,
**  E,
```

(a)(b)(c)のいずれの関数型においても塑性流れについて、3.1.5 項で説明した Mohr–Coulomb の塑性流れと同等の平滑化が行われ、塑性流れポテンシャルは次式となる。

$$G=\sqrt{(e\sigma^{y}\tan\psi)^{2}+q^{2}}-p\tan\psi \tag{3.27}$$

ここで、e は関数が漸近線に近づく偏心パラメータ、σ^{y} は硬化データの初期降伏応力、ψ は膨張角である。

3.2.4　例題（帯状フーチング（Footing）の極限解析）

図 3.20 に示す地盤材料に対する帯状フーチング（基礎）の極限解析を行う。地盤材料の上に幅 1[m] のフーチングが載っており、崩壊圧力を有限要素法で求める。基礎は奥行き方向に十分長いので平面ひずみ状態を想定し、なおかつ対称性を利用して、**図 3.21** に示す 1/2 モデルでメッシュ作成を行う。フーチン

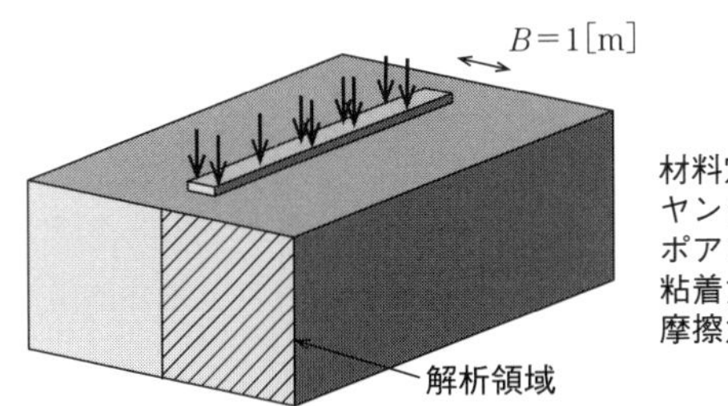

図 3.20　帯状フーチング

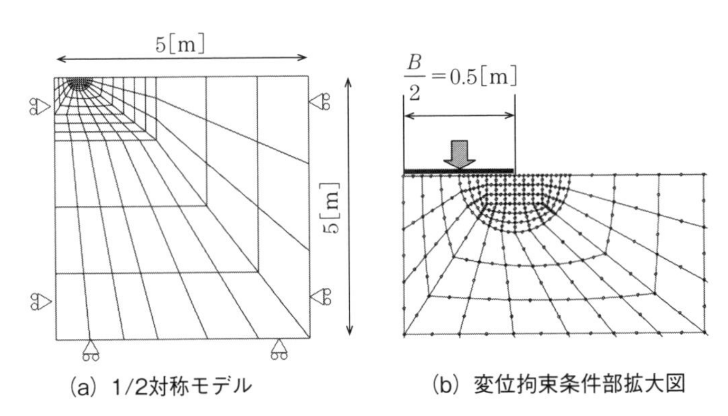

図 3.21　平面ひずみ四角形２次要素での解析モデル

グの幅に相当する節点群（図3.21(b)の太線部分）の y 方向自由度をある一点に多点拘束し、その節点にマイナス y 方向の強制変位を与えて、反力を評価する。

材料モデルとして、Tresca、Mohr–Coulomb、Drucker–Prager を適用し、それぞれの理論解と比較する。

(a) Trescaモデル

最初に単純な弾塑性材料としてTrescaモデルを用いてすべり理論と比較する。プラントル（Prandtl）のすべり理論に基づいて、Hill[13]が示した理論解はせん断降伏応力 K を使って

$$P_{\mathrm{lim}}=2K\left(1+\frac{1}{2}\pi\right)\approx 5.14K \tag{3.28}$$

と示されている。使用している有限要素法にTrescaモデルが用意されていない場合、Mohr–Coulombの降伏条件において摩擦角 ϕ、膨張角 ψ ともに0° と設定すれば、粘着力 c がせん断降伏応力 K を表し、理論上Trescaの降伏条件となる。その方法による Abaqus の物性値入力を Box 3.4 に示す。**図3.22**に示した解析結果から、正規化した理論圧力5.14と同等の崩壊圧力が得られている。**図3.23**に示した節点変位ベクトル図はすべり線理論の崩壊のメカニズムとよく一致している。

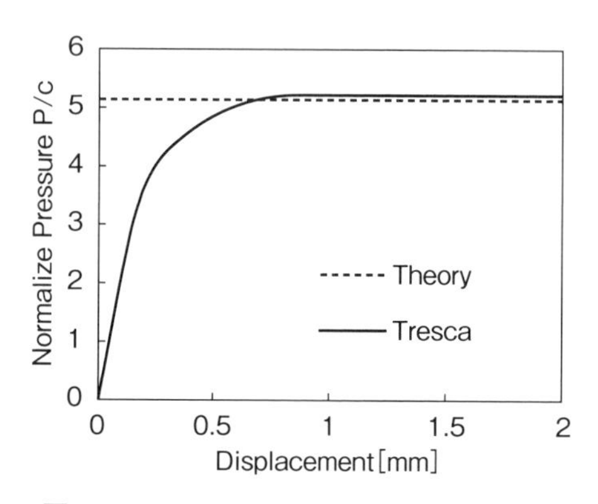

図3.22 正規化圧力と変位曲線（Tresca）

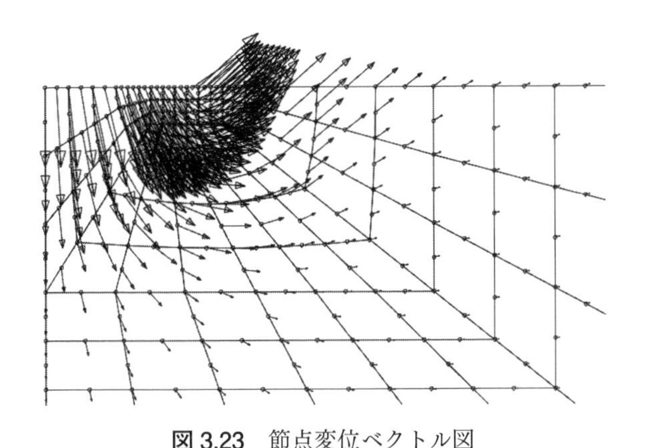

図 3.23　節点変位ベクトル図

Box 3.4　Tresca の降伏条件を Mohr–Coulomb の降伏条件で代替

```
*MATERIAL, NAME=TRESCA
*ELASTIC
10000.0, 0.48
**    E, ν
*MOHR COULOMB
  0.0, 0.0
**  φ,    ψ
*MOHR COULOMB HARDENING
 0.49, 0.0
**  c,   εᵖ
```

(b)　Mohr–Coulomb モデル

地盤材料として基本モデルともいえる Mohr–Coulomb の降伏条件で理論解と比較する。粘着力 c、摩擦角 ϕ を有する材料モデルに対して、Prandtl のすべり理論に基づいて Chen（文献［7］の p. 81）は次式の理論解を導いた。

$$\frac{P_{\lim}}{c}=\cot\phi\left[\exp(\pi\tan\phi)\tan^2\left(\frac{1}{4}\pi+\frac{1}{2}\phi\right)-1\right] \tag{3.29}$$

具体例として、摩擦角 $\phi=18°$ を上式に代入すれば、正規化した崩壊圧力の理論解は 13.1 となる。

ここでは、有限要素モデルとして膨張角 ψ が摩擦角 ϕ と同じ 18° の場合の

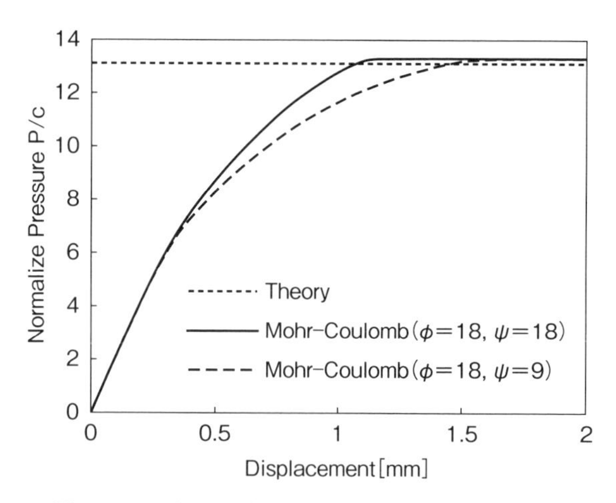

図 3.24　正規化圧力と変位曲線（Mohr–Coulomb）

連合流れ則と、$\psi=9°$ の非連合流れ則の２つの材料条件で検討する。Box 3.5 に非連合流れ則の Mohr–Coulomb の Abaqus 入力データを示す。解析結果を**図 3.24** に示す。いずれの流れ則においても最終的な崩壊圧力は理論解と同等の値が得られている。

Box 3.5　非連合流れ則の Mohr–Coulomb の入力データ

```
*MATERIAL, NAME=MOHR-COULOMB
*ELASTIC
10000.0, 0.48
**    E,     ν
*MOHR COULOMB
  18.0, 9.0
**    φ,   ψ
*MOHR COULOMB HARDENING
 0.49, 0.0
**  c,   ε^p
```

(c)　Drucker–Prager モデル

最後に Drucker–Prager の材料モデルの検討を行う。3.2.2 項で説明したよう

表 3.1　Mohr–Coulomb と Drucker–Prager の物性値

Mohr–Coulomb	摩擦角 ϕ	粘着力 c
	18.0	0.49
Drucker–Prager	摩擦角 β	粘着力 d
稜線外側	34.57	1.0391
稜線内側	29.26	0.8450
平面ひずみ	27.79	0.7946

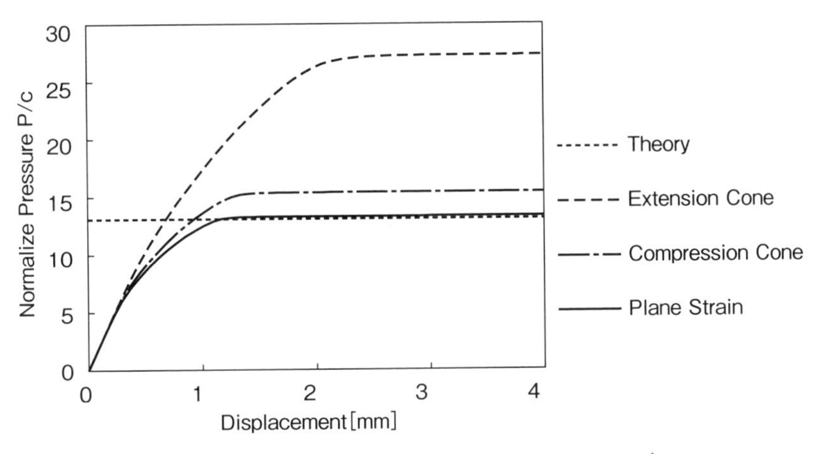

図 3.25　正規化圧力と変位曲線（Drucker–Prager）

に Mohr–Coulomb モデルを Drucker–Prager モデルとして近似する方法はいくつかあり、それぞれの方法での近似値を**表 3.1** に示す。平面ひずみ近似での Drucker–Prager の材料パラメータの Abaqus 入力データを Box 3.6 に示す。**図 3.25** に理論解とそれぞれの近似材料での解析結果を示す。実線の平面ひずみ近似が理論解 13.1 とほぼ一致しており、Drucker–Prager の円錐を Mohr–Coulomb の外側稜線に近似した破線の結果は大きな崩壊圧力となっている。この結果は、図 3.15 に示したように外側稜線に近似すると降伏曲面は大きくなる原理に一致している。一点鎖線の内側稜線での近似は、理論解を 17 %上回る結果となった。

Box 3.6　平面ひずみ近似の Drucker–Prager の入力データ

```
*MATERIAL, NAME=DRUCKER-PRAGER
*DRUCKER PRAGER, SHEAR CRITERION=LINEAR
   27.79,   1.0, 27.79
**     β,     K,    ψ
*DRUCKER PRAGER HARDENING, TYPE=SHEAR
 0.7946, 0.0
**    d, εp
*ELASTIC
10000.0, 0.48
**    E,    ν
```

3.3　Cam Clayモデル

3.3.1　オリジナルのCam Clayモデル

カム・クレイ（Cam Clay）モデルは、1950年代にイギリスのケンブリッジ大学でロスコーら（Roscoe et al.[14]）によって提案された粘土のモデルである。粘土をせん断変形させると応力が変化し、排水状態ではダイレイタンシー（dilatancy）特性にしたがって体積が変化するが、最終的には応力状態や体積が一定でせん断変形だけが継続する状態となる。これを限界状態（critical state）あるいは定常状態という。すなわちカム粘土は最終的に

$$\frac{\partial p}{\partial \gamma}=\frac{\partial q}{\partial \gamma}=\frac{\partial v}{\partial \gamma}=0 \tag{3.30}$$

で表される限界状態に到達する。ここで、γ はせん断ひずみ、p は式(1.26)の静水圧応力、q は式(1.27)の相当応力であり、v は比体積である。土の中で固体（土粒子）の体積を V_{solid}、固体以外の空隙体積（空気と水）を V_{void} としたときに比体積 v と間隙比 e は次式の関係で定義される。

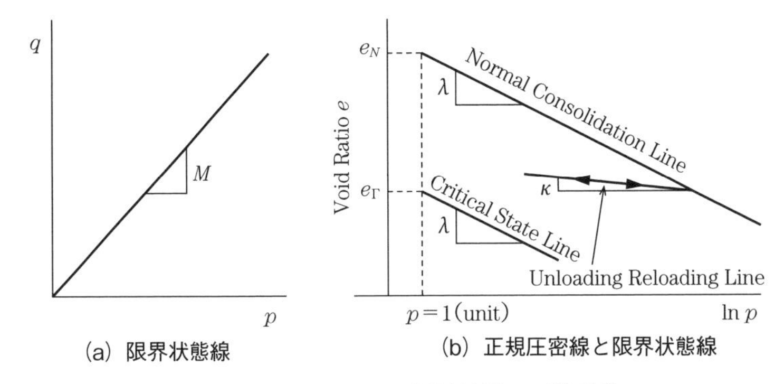

(a) 限界状態線　　(b) 正規圧密線と限界状態線

図 3.26　粘土モデルの限界状態と圧縮挙動

$$e=\frac{V_{void}}{V_{solid}}=\frac{V-V_{solid}}{V_{solid}}=\frac{V}{V_{solid}}-1=v-1 \tag{3.31}$$

さらに、カム粘土限界状態において応力状態と間隙比は**図 3.26** を参照して、次式の関係にあることが仮定される。

$$\left.\begin{aligned} q&=Mp \\ e&=e_{\Gamma}-\lambda\ln p \end{aligned}\right\} \tag{3.32}$$

図 3.26(a)に示すように、M（ギリシャ文字の大文字ミュー）は q–p 平面での限界状態線の傾きである。一方、図 3.26(b)は横軸に圧力の対数を縦軸に間隙比を取った圧縮曲線である。図 3.26(b)において、λ は圧密時における限界線上（塑性）での傾きであり、対数体積塑性率（logarithmic plastic bulk modulus）または塑性勾配という。一方、κ は除荷再負荷における弾性的な体積膨張収縮の傾きなので対数体積弾性率（logarithmic bulk modulus）または弾性勾配という。いずれも無次元単位となる。これらの関係を塑性理論に適用して、降伏関数は次式で得られる。（文献［15］）

$$F=q+Mp\ln\frac{p}{p_c} \tag{3.33}$$

降伏曲面は q–p 平面で**図 3.27** のようになる。ここで、p_c は積分定数であるが、物理的には静水圧縮の降伏応力を表す。なお図中の e は自然対数の底（e＝2.71828）である。

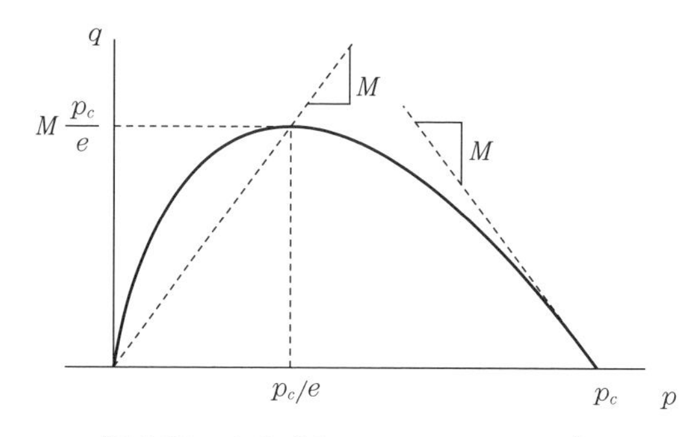

図 3.27　オリジナルの Cam Clay モデル

▶3.3.2　修正Cam Clayモデル

塑性理論において、塑性ひずみ増分は降伏関数を塑性ポテンシャルとして降伏曲面に対して垂直流れとなるため、オリジナルの Cam Clay モデルでは図 3.27 の点 p_c で示される位置つまり純粋な静水圧状態に対して微分できない難点がある。そのため、ロスコーとバーランド（Roscoe & Burland[16]）はオリジナルの Cam Clay モデルに対して、楕円の式を適用した次式の修正 Cam Clay モデルを提案した。これは、特に有限要素法などの数値計算に非常に都合の良い修正といえる。

$$F=\frac{1}{b^2}\left[\frac{p-(p_t+a)}{a}\right]^2+\left(\frac{q}{Ma}\right)^2-1=0 \tag{3.34}$$

図 3.28 は、修正 Cam Clay モデルの q–p 平面での降伏曲面を表している。p_t は静水引張の降伏応力であり、上式は p 軸に p_t+a だけ原点がシフトし、p 軸半径が a、q 軸半径が Ma の楕円であることがわかる。b は原点右側の湿潤側の降伏曲面の比率であり、$b=1$ であれば純粋な楕円となる。特に湿潤側での b はキャップパラメータともいわれる。なお、原点左側の乾燥側では必ず $b=1$ となる。実験からは引張側 p_t と圧縮側 p_c の降伏応力が得られるので、横軸半径は

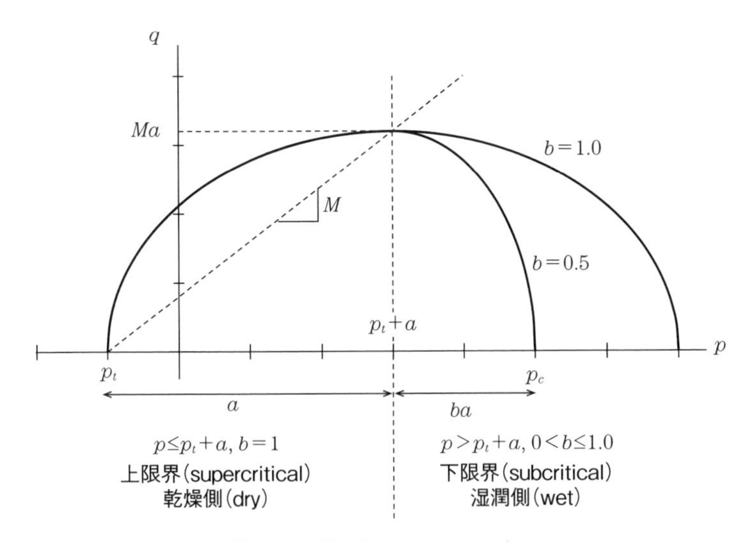

図 3.28　修正 Cam Clay モデル

$$a=\frac{p_c-p_t}{1+b} \tag{3.35}$$

で得られる。

修正 Cam Clay モデルに対する硬化則は、降伏曲面のパラメータ a が硬化の関数として適用される。地盤材料は主として圧縮ひずみの状況に置かれるため、体積塑性ひずみ ε_{vol}^{p} が関数の変数として適用される。たとえば Abaqus では硬化パラメータの初期降伏値 a_0 と初期間隙比 e_0 および非弾性体積変化量 J^p を使って次式の硬化則が用意されている。

$$a=a_0\exp\left[(1+e_0)\frac{1-J^p}{\lambda-\kappa J^p}\right] \tag{3.36}$$

硬化パラメータの初期値 a_0 は物理的には初期拘束圧を表す。λ と κ は図 3.26(b)の塑性と弾性の傾きである。硬化パラメータの初期値 a_0 は有効静水圧力の初期値 p_0 と初期間隙比 e_0 を使って、

$$a_0=\frac{1}{2}\exp\left(\frac{e_N-e_0-\kappa\ln p_0}{\lambda-\kappa}\right) \tag{3.37}$$

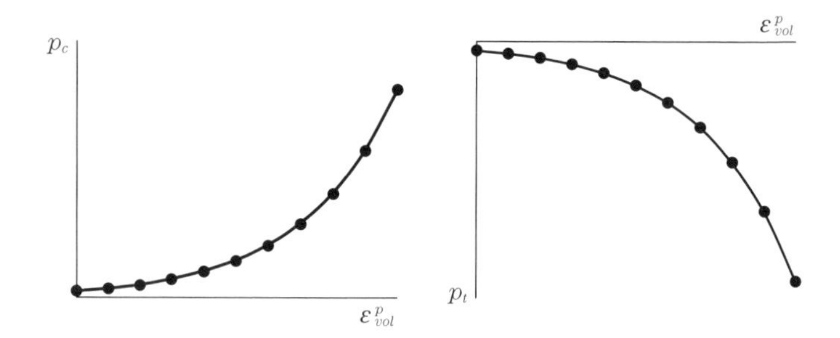

図 3.29　区分的入力による静水圧縮硬化曲線と静水引張軟化曲線

で得られる。ここで、e_N は図 3.26(b)の正規圧密線との交点である。

一般に実験における静水圧縮と静水引張は、体積塑性ひずみに対して指数関数的な挙動を示すので、体積塑性ひずみを変数として**図 3.29** に示す区分点で硬化則を入力する方法などもある。この体積塑性ひずみに応じた静水引張と静水圧縮より降伏曲面の大きさ a が式(3.35)を使って求められる。なお、この実験結果を数式としてまとめた例は、後の式(3.46)で示す。

3.3.3　例題（3 軸圧縮試験）

修正 Cam Clay モデルを使用した 3 軸圧縮試験解析を行う。物性値を**表 3.2** に、解析モデルを**図 3.30** に示す。有限要素モデルは、単位大きさの軸対称 2 次要素

表 3.2　Cam Clay モデル材料物性値

Cam Clay モデル		物性値
弾性パラメータ		
対数体積弾性率	κ	0.026
ポアソン比	ν	0.3
塑性パラメータ		
対数体積塑性率	λ	0.174
限界状態線勾配	M	1.0
湿潤側 CAP パラメータ	b	0.5
初期降伏半径	a_0	58.3[kN/m^2]
引張降伏値	p_t	0.0[kN/m^2]

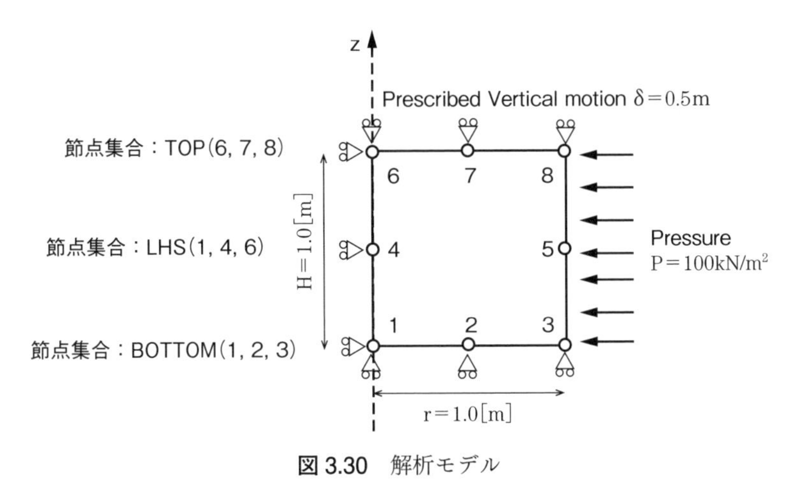

図3.30　解析モデル

を用いる。解析は2つのステップで行われる。最初のステップは地圧解析にて3軸方向に初期応力として負の応力（−100[kN/m^2]）を設定し、3軸圧縮状態を形成する。初期間隙比は1.08として、同じステップで半径方向への圧力として100[kN/m^2] を負荷する。次のステップは、静解析としてモデル上部の節点集合TOPに対して鉛直下側に強制変位0.5[m] を与え3軸圧縮の負荷を与える。初期降伏半径は58.3[kN/m^2] であるが、初期応力として圧縮側の値100[kN/m^2] が設定されているので、降伏半径は式(3.35)より

$$a=\frac{p_c-p_t}{1+b}=\frac{100-0}{1+0.5}=66.6$$

に調整される。**図3.31**より、調整前と調整後の曲面が相似形で拡大していることが確認できる。Abaqusの解析データをBox 3.7に示す。

2番目のステップの解析結果として、図3.31の3軸圧縮の調整後の初期状態を表す点Aから鉛直方向への強制変位により圧力と相当応力が上昇し点Bに移行している。ここでも、曲面が相似形に拡大していることがわかる。

湿潤側CAPパラメータを0.5と1.0で比較した結果を**図3.32**に示す。$b=1.0$の曲面が大きいため、相当応力が遅れていることが明らかである。

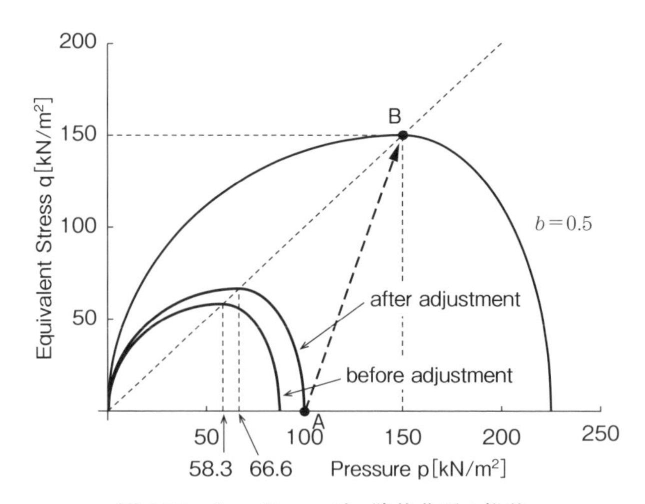

図 3.31　Cam Clay モデル降伏曲面の推移

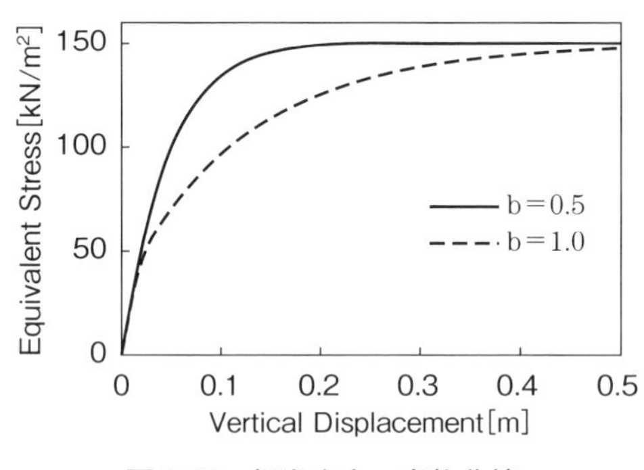

図 3.32　相当応力—変位曲線

Box 3.7　修正 Cam Clay モデルによる 3 軸圧縮試験模擬解析入力データ

```
*HEADING
** TRIAXIAL COMPRESSION TEST
*NODE, NSET=NALL
 1,  0.0,  0.0
 2,  0.5,  0.0
 3,  1.0,  0.0
 4,  0.0,  0.5
```

```
 5,  1.0,  0.5
 6,  0.0,  1.0
 7,  0.5,  1.0
 8,  1.0,  1.0
*ELEMENT, TYPE=CAX8R, ELSET=EALL
1, 1, 3, 8, 6, 2, 5, 7, 4
*NSET, NSET=BOTTOM
 1, 2, 3
*NSET, NSET=LHS
 1, 4, 6
*NSET, NSET=TOP
 6, 7, 8
*NSET, NSET=NOUT
 8,
*MATERIAL, NAME=CAM-CLAY
*CLAY PLASTICITY, HARDENING=EXPONENTIAL
 0.174,   1.0, 58.3, 0.5,
**   λ,      M,   a0,   b
*POROUS ELASTIC, SHEAR=POISSON
 0.026, 0.3,
**   κ,  ν
*SOLID SECTION, ELSET=EALL, MATERIAL=CAM-CLAY
*INITIAL CONDITIONS, TYPE=RATIO     ** 初期間隙比の設定
     NALL,       1.08,     0.0,        1.08,     1.0
** 節点集合、第 1 の間隙比、鉛直座標、第 2 の間隙比、鉛直座標
*INITIAL CONDITIONS, TYPE=STRESS, GEOSTATIC  ** 地圧初期応力の設定
    EALL,     -100.0,     0.0,     -100.0,     1.0,       1.0,     1.0
** 要素集合、第 1 鉛直応力、鉛直座標、第 2 鉛直応力、鉛直座標、半径方向比、周方向比
*STEP, NAME=STEP-1, NLGEOM=NO
GEOSTATIC INITIAL STRESS STATE
*GEOSTATIC             ** 地圧応力場のつり合い解析
*BOUNDARY
TOP, 2, 2
BOTTOM, 2, 2
LHS, 1, 1
*DLOAD
EALL, P2, 100.0        ** 半径方向への圧力
*OUTPUT, FIELD
*NODE OUTPUT
```

```
U,
*ELEMENT OUTPUT, DIRECTIONS=YES
PEEQ, S
*END STEP
*STEP, NAME=STEP-2, NLGEOM=NO, INC=20
TRIAXIAL COMPRESSION
*STATIC, DIRECT      ** 3軸圧縮場の静解析
1.0, 20.0,
*BOUNDARY, OP=NEW
TOP, 2, 2, -0.5      ** 上面の節点に軸方向圧縮変位を与えて、3軸圧縮場とする
BOTTOM, 2, 2
LHS, 1, 1
*OUTPUT, HISTORY
*ELEMENT OUTPUT, ELSET=EALL
MISES, PEEQ, PRESS
*NODE OUTPUT, NSET=NOUT
U2,
*END STEP
```

3.4 CAP付きDrucker–Pragerモデル

3.4.1 修正Drucker–Pragerの降伏条件

先に説明した3.1節 Mohr–Coulombの降伏条件や3.2節 Drucker–Pragerの降伏条件では、せん断応力が付加的に作用した状況であれば、圧縮側にも塑性流れが生じる。しかし、多くの地盤材料では純粋な圧縮状況における塑性流れが重要な性質として認識されている。そこで、前節で説明した修正Cam Clayモデルと同様の考え方を行い、圧縮側にもCAP降伏曲面を導入するのは自然な流れである。**図3.33**に示すCAP付きDrucker–Pragerモデルは、圧縮側に楕円状のキャップを付加することで様々な状況下における地盤材料の解析に使用されており、最近では薬剤の粉末成形解析の分野でも多くの適用事例が報告されている。降伏関数は次の2式が使用され、乾燥側F_sは通常のDrucker–Prager

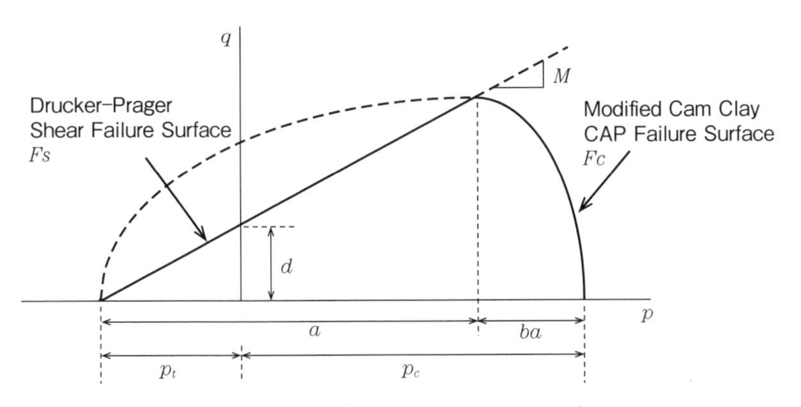

図 3.33　CAP 付き Drucker–Prager モデル

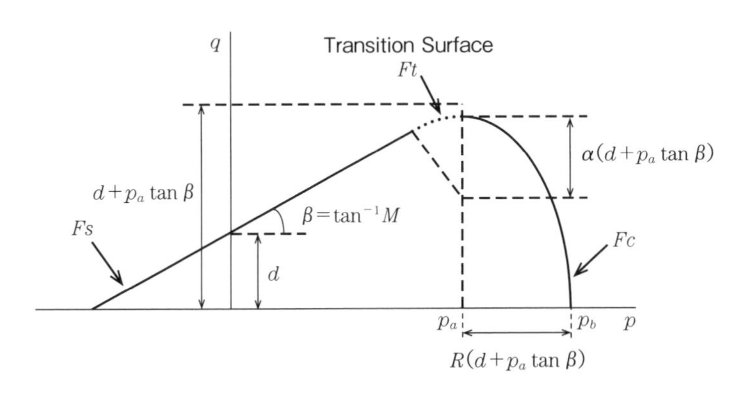

図 3.34　Abaqus の CAP 付き Drucker–Prager モデル

モデルが、湿潤側 F_c は修正 Cam Clay モデルが適用される。

$$F_s=q-Mp-d=0 \tag{3.38}$$

$$F_c=\frac{1}{b^2}\left[\frac{p-(p_t+a)}{a}\right]^2+\left(\frac{q}{Ma}\right)^2-1=0 \tag{3.39}$$

このモデルでは2つの関数が交わる頂点部分で不連続となるので、Abaqus では**図 3.34** の点線で示す遷移領域を設けている。この場合、図中の変数を使って各領域の降伏関数は以下となる。

$$F_s=q-p\tan\beta-d=0 \tag{3.40}$$

$$F_c = (p - p_a)^2 + \left(\frac{Rq}{1 + \alpha - \alpha/\cos\beta}\right)^2 - R^2(d + p_a \tan\beta)^2 = 0 \tag{3.41}$$

$$F_t = (p - p_a)^2 + \left[q - \left(1 - \frac{\alpha}{\cos\beta}\right)(d + p_a \tan\beta)\right]^2 - \alpha^2(d + p_a \tan\beta)^2 = 0 \tag{3.42}$$

ここで、β は摩擦角、R はキャップパラメータであり図 3.33 の b とは異なり、縦軸（$d + p_a \tan\beta$）に対する比率であるので、$R = b/M$ の関係がある。p_b は圧縮側の硬化パラメータであり体積塑性ひずみに対する区分点で入力される。横軸半径に相当する発展パラメータ p_a は次式で定義される。

$$p_a = \frac{p_b - Rd}{1 + R\tan\beta} \tag{3.43}$$

追加された α が遷移領域の大きさを表すパラメータであり、ゼロであれば式(3.41)と(3.39)は一致することを確認されたい。α の代表的な値は 0.01 から 0.05 であり、小さい数値が推奨される。図 3.34 では点線で示す遷移領域 F_t が明瞭に図示できるように、あえて大きな値 0.4 を使用した。

3.4.2 例題（薬剤粉末の圧縮成形）

医薬品の錠剤の成形には、主に湿製法と打錠法の 2 種類がある。湿製法は、有効成分と添加剤を混ぜ、練りのばしたものを一定の形に打ち抜いて作る。打錠法は、有効成分と添加剤を混ぜてから、それらを圧縮形成する。現在の錠剤は、ほとんどこの打錠法によって作られている。薬剤粉末の力学的特性は、体積塑性ひずみに対する圧縮側の硬化パラメータが非線形特性を持っており、CAP 付き Drucker–Prager モデルが近年有効に利用されている。有限要素法により、成形型との摩擦係数の影響や圧縮成形後のいわゆる弾性回復などを解析することができる。本例では、ミクラフィら（Michrafy et al.[17]）の文献を元に薬剤粉末の圧縮成形の解析例を紹介する。

材料物性値は文献を元に**表 3.3** および**表 3.4** を使用し、面積 100［mm²］（半径

表 3.3　薬剤粉末の材料物性値

CAP 付き Drucker–Prager モデル		物性値
弾性パラメータ		
ヤング率	E	4600[MPa]
ポアソン比	ν	0.17
塑性パラメータ		
粘着力	d	0.46[kPa]
摩擦角	β	29.3°
湿潤側 CAP パラメータ	R	0.558
遷移パラメータ	α	0.03

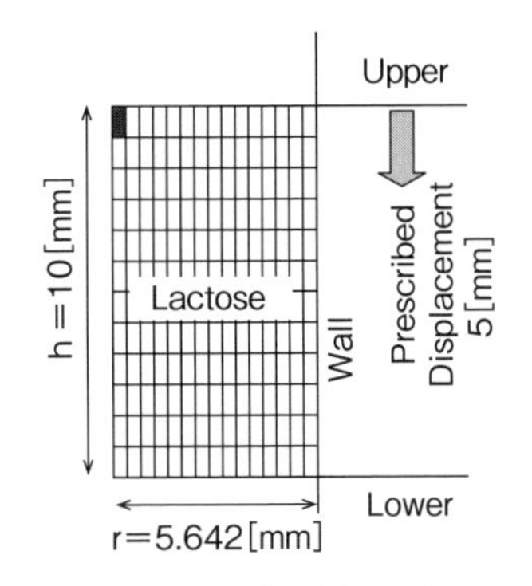

図 3.35　有限要素モデル

表 3.4　薬剤粉末の硬化パラメータ

P_b[MPa]	0.0005	5.90	12.51	19.58	29.02	56.64	97.93	145.84	227.72	239.28
ε_{vol}^{p}	0.0	0.26	0.32	0.37	0.41	0.48	0.55	0.62	0.64	0.65

5.642[mm])、高さ 10[mm] の円柱状の試験体を半分の高さまで圧縮成形した後に上型を取り除き、弾性回復させる。2 次元軸対称要素を使って、剛体に取り囲まれる**図 3.35** に示す有限要素モデルを用いる。薬剤（Lactose）と下型（Lower）・上型（Upper）との摩擦は考慮せず、薬剤と側壁（Wall）との間の摩擦係数は 0.06 とする。大ひずみ領域を計算するので、有限変形理論を適用する。Box 3.8 に CAP 付き Drucker–Prager の材料モデルに関する Abaqus 入力データを示す。

Box 3.8　薬剤の CAP 付き Drucker–Prager モデルの入力データ

```
*MATERIAL, NAME=LACTOSE
*CAP PLASTICITY
 0.00046,  29.3, 0.558,     ,  0.03,
**      d,       β,      R,     ,       α
*CAP HARDENING
0.0005,  0.0
   5.9,  0.26
```

```
  12.51, 0.32
  19.58, 0.37
  29.02, 0.41
  56.64, 0.48
  97.93, 0.55
 145.84, 0.62
 227.72, 0.64
 239.28, 0.65
*ELASTIC
4600.0, 0.17
**   E,    ν
```

図 3.36 の圧縮成形時の変形図より、側壁との摩擦によりせん断変形が見られる。その結果、**図 3.38**(a)に示すように圧縮成形時の圧力分布が右上部にて強く出ており、上型解放時（図 3.38(b)）にも右上部での残留応力値が大きい。これらの分布と応力値により錠剤の欠けなどを予測できる。

図 3.35 の薄墨で示したモデル左上部（錠剤の中心部）の要素の圧力と相対密度の関係を**図 3.37** に示す。本例は有限変形理論を適用しているので、相対密度は対数ひずみの垂直成分を用いて次式で算出できる。

$$\frac{\rho}{\rho_0}=\exp[-(\varepsilon_{11}+\varepsilon_{22}+\varepsilon_{33})] \tag{3.44}$$

図3.37より、上型による成形によって圧力が増加することで相対密度が大きく

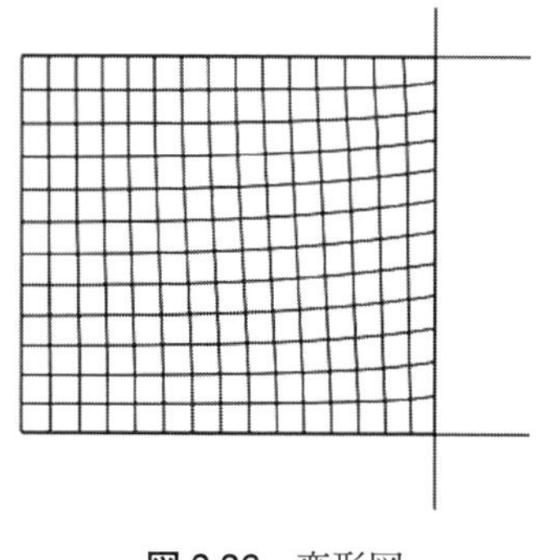

図 3.36　変形図

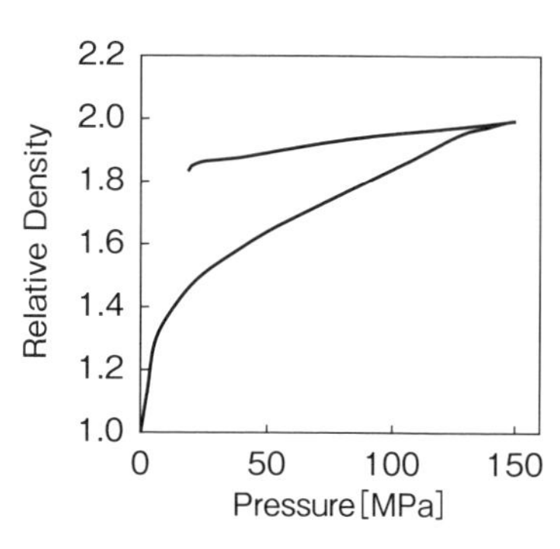

図 3.37　相対密度—圧力曲線

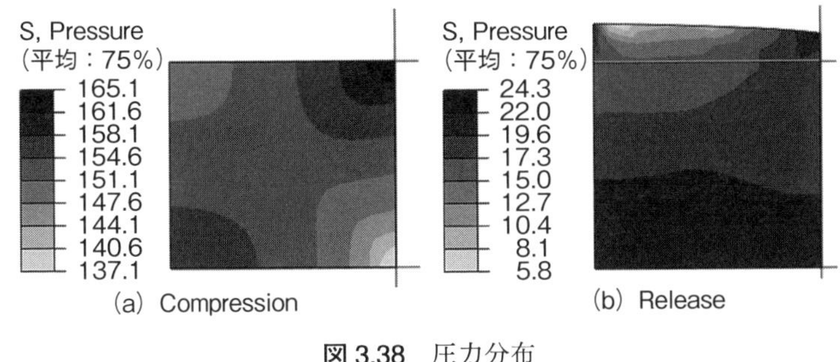

図 3.38　圧力分布

上昇し、上型解放後も相対密度はそれほど減少せず、薬剤が永久圧縮変形していることがわかる。

本例では、CAP 付き Drucker−Prager モデルの粘着力や摩擦角などの材料物性値に対して非線形性は取り入れていないが、実用的な薬剤の圧縮成形時には弾性率や粘着力、摩擦角などが相対密度に強く依存する。このような強い非線形性機能は、一般的な有限要素法には標準機能として取り入れられていないが、ユーザーサブルーチンを用いれば対応できる[18]。

3.5　軟岩塑性モデル

3.5.1　軟岩塑性モデルの降伏条件

軟岩や弱く固められた砂の機械的応答をモデル化するために、クルックら (Crook et al.[19]) によって提案された塑性モデルであり、大ひずみと広い範囲の初期応力状態に有効である。次式の降伏関数で構成される。

$$
\left.\begin{aligned}
&F=g(\theta,p)\,q+(p-p_t)\tan\beta\left(\frac{p-p_c}{p_t-p_c}\right)^{1/n}\\
&g(\theta,p)=\left\{\frac{1}{1-f(p)}\left[1+f(p)\,\frac{r^3}{q^3}\right]\right\}^{\alpha}=\left[\frac{1+f(p)\cos 3\theta}{1-f(p)}\right]^{\alpha}\\
&f(p)=f_0\exp\left(f_1 p\,\frac{{p_c}^0}{p_c}\right)
\end{aligned}\right\}\qquad(3.45)
$$

ここで、p は式(1.26)の圧力、q は式(1.27)の相当応力、r は偏差応力の第 3 不変量で計算される式(1.28)の状態量、θ は式(1.29)の Lode 角である。β、n、α、f_0、f_1 が材料パラメータである。

子午線上での降伏曲面を**図 3.39**(a)に示す。曲面の形は摩擦角 β と引張降伏応力 p_t と圧縮降伏応力 p_c および、べき数 n に強く依存する。図 3.39(b)には、π 平面での降伏曲面を示しており、圧力の増加に伴って角丸三角形から円形へ降伏曲面が移行する挙動がわかる。

式(3.45)中での、p_c は先行圧密応力または静水圧縮での降伏応力、p_t は静水引張での降伏応力であり、体積塑性ひずみ ε_{vol}^{pl} に依存する。Crook らは、初期間隙比 e_0 と圧縮挙動における塑性勾配 λ と弾性勾配 κ（図 3.26(b)参照）の差を使った式(3.46)の指数関数形式を提案している。ここで、${p_c}^0$ および ${p_t}^0$ はそれぞれの初期降伏応力であり、$(\varepsilon_{vol}^{p})_{\max}$ は体積塑性ひずみの履歴最大値を表す。

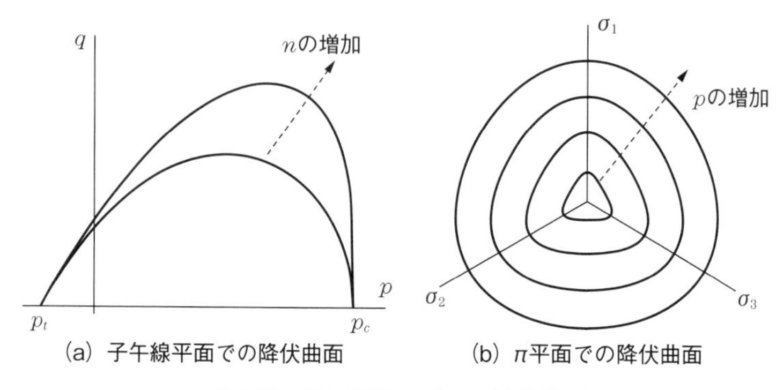

図 3.39　軟岩塑性モデルの降伏曲面

$$p_c = p_c{}^0 \exp\left(\frac{e_0 \varepsilon^p_{vol}}{\lambda - \kappa}\right), \quad p_t = p_t{}^0 \exp\left[\frac{e_0 (\varepsilon^p_{vol})_{\max}}{\lambda - \kappa}\right] \tag{3.46}$$

3.5.2　例題（砂箱の引張解析）

マクレー (McClay[20]) が実施した、**図 3.40** に示す砂箱の実験に準ずる解析を行う。傾斜を持つ剛壁の上に薄いプラスチックシートがあり、その上に土砂が堆積されている。土砂の高さは 10[cm] であり、剛壁とプラスチックシート間の摩擦はなく、プラスチックシートと土砂の間の摩擦係数は 0.6 である。自重を負荷した後に、土砂とプラスチックシートともに水平方向に引張の強制変位を与える。Crook らは McClay の実験に合わせて**表 3.5** の材料パラメータを示した。Abaqus の入力データを Box 3.9 に示す。静水圧縮および静水引張の降伏応力は表 3.5 の材料パラメータを式(3.46)に代入し、区分点で入力した。なお、Abaqus では体積塑性ひずみの原点を指示することができ、その原点から初期静水圧が決定される。

図 3.41 に示す変形図と相当塑性ひずみ分布から、砂箱内で崩壊する地溝の特徴線を確認することができる。

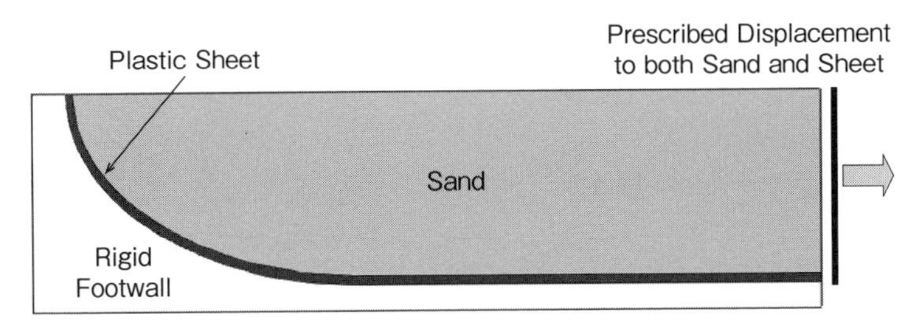

図 3.40　砂箱の引張崩壊解析

表 3.5　軟岩塑性モデルの材料パラメータ

パラメータ	物理的意味	数値
n	子午線平面内での降伏曲面の形状を制御する材料パラメータ	1.6
p_t^0	初期の静水引張降伏応力	−20[Pa]
p_c^0	初期の静水圧縮降伏応力	3000[Pa]
β	摩擦角	60°
ψ	膨張角	50°
α	π 平面での降伏曲面パラメータ	0.25
f_0	π 平面での降伏曲面パラメータ	0.001
f_1	π 平面での降伏曲面パラメータ	0.0007
e_0	初期間隙比	1.67
$\lambda - \kappa$	圧縮挙動における塑性勾配と弾性勾配の差	0.48
ρ	質量密度	1560[kg/m³]
E	ヤング率	75000[Pa]
ν	ポアソン比	0.2
$\varepsilon_{vol}^{p}\vert_0$	体積塑性ひずみの原点	0.05

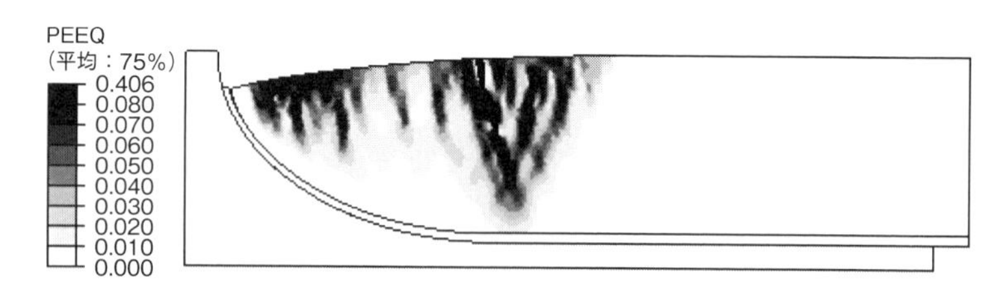

図 3.41　相当塑性ひずみ分布

Box 3.9　軟岩塑性モデルの入力データ

```
*MATERIAL, NAME=SOFTROCK
*SOFT ROCK PLASTICITY, ECCENTRICITY=0.001     ** 軟岩塑性モデル
  60.0,    50.0,    1.6,  0.001, 0.0007,   0.25,   0.05
**   β,        ψ,       n,      f0,       f1,       α,   ε^p_vol|0
*SOFT ROCK HARDENING, TYPE=COMPRESSION        ** 静水圧縮硬化曲線
 3000.0,  0.0
```

```
 3106.21, 0.01
** 途中省略
97298.1,   1.0
*SOFT ROCK HARDENING, TYPE=TENSION           ** 静水引張軟化曲線
 -20.0,      0.0
 -20.7081,   0.01
** 途中省略
-648.654,    1.0
*DENSITY
1560.0,
*ELASTIC
75000.0, 0.2
**    E,    ν
```

文献

[1] Turner, M. J., Clough, R. W., Martin, H. C., Topp, L. J. "Stiffness and Deflection Analysis of Complex Structures", *Journal of the Aeronautical Sciences,* Vol. 23 (9), pp. 805–854, 1956.

[2] Clough, R. W., "The Finite Element Method in Plane Stress Analysis", *Proceeding's 2nd ASCE Conference on Electronic Computation,* Pittsburgh, 1960.

[3] Helwany, S., "Applied Soil Mechanics with ABAQUS Applications", Wiley, 2007.

[4] Menétrey, P., Willam, K. J., "Triaxial Failure Criterion for Concrete and its Generalization", *ACI Structural Journal,* Vol. 92(3), pp. 311–318, 1995.

[5] Neto, E. D. S., Peric, D., Owen, D. R. J., 寺田賢二郎訳, "非線形有限要素法", 森北出版, pp. 193–195, 2012.

[6] Carter, J. P., Booker, J. R., Davis, E. H., "Finite Deformation of an Elasto–Plastic Soil", *International Journal for Numerical and Analytical Methods in Geomechanics,* Vol. 1, pp. 25–43, 1977.

[7] Chen, W–F., "Limit Analysis and Soil Plasticity", Amsterdam: Elsevier, 1975.

[8] Riks, E., "The Application of Newton's Method to the Problems of Elastic Stability", *Journal of Applied Mechanics,* Vol. 39(4), pp. 1060–1065, 1972.

[9] Riks, E., "An Incremental Approach to the Solution of Snapping and Buckling Problems", *International Journal of Solids and Structures,* Vol. 15(7), pp. 529–551, 1979.

[10] Drucker, D. C., Prager, W., “Soil Mechanics and Plastic Analysis or Limit Design”, *Quarterly of Applied Mathematics,* Vol. 10(2), pp. 157–165, 1952.
[11] Chen, W–F., “Plasticity in reinforced Concrete”, McGraw–Hill, 1982.
[12] Chen, W–F., Mizuno, E., “Nonlinear Analysis in Soil Mechanics. Theory and Implementation”, New York: Elsevier, 1990.
[13] Hill, R., “The Mathematical Theory of Plasticity”, Oxford University Press, pp. 260, 1950.
[14] Roscoe, K. H., Schofield, A. N., Wroth, C. P., “On the Yielding of Soils”, *Géotechnique,* Vol. 8(1), pp. 22–53, 1958.
[15] 吉嶺充俊，“Excelで学ぶ土質力学”，オーム社，pp. 129，2006.
[16] Roscoe, K. H., Burland, J. B., “On the Generalized Stress–Strain Behaviour of ‘Wet’ Clay”, Engineering plasticity, Cambridge University Press, pp. 535–609, 1968
[17] Michrafy, A., Ringenbacher, D., Tchoreloff, P., “Modelling the compaction behaviour of powders: application to pharmaceutical powders”, *Powder Technology,* Vol 127(3), pp. 257–266, 2002.
[18] 水永大輔，“粉体圧縮成形プロセスのFEM解析”，IDAJ：Solution Seminar Vol. 94 SIMULIA Abaqus 事例紹介セミナー，2021.
[19] Crook, A. J. L., Willson, S. M., Yu, J. G., Owen, D. R. J., “Predictive modelling of structure evolution in sandbox experiments”, *Journal of Structural Geology,* Vol. 28(5), pp. 729–744, 2006.
[20] McClay, K. R., “Extensional fault systems in sedimentary basins: a review of analogue model studies”, *Marine and Petroleum Geology,* Vol. 7(3), pp. 206–233, 1990.

第4章

粘塑性材料

冒頭の「本書の構成」でも述べたが、粘塑性（visco plasticity）とは速度依存の塑性現象一般を指す。速度依存性の硬化曲線の取り扱いのいくつかについては既に第2章で説明したが、本章では別の枠組みでの非弾性材料の数値計算手法について説明する。すなわち実際の金属材料は、高温状況下において材料に応力が負荷されると流動する現象が見られ、このとき実質的には降伏応力はゼロと見なされる。こうした材料挙動の定式化には、降伏曲面や弾性領域を設ける必要はなく、クリープひずみという速度（時間）に対する状態量でモデル化することができる。すなわち、クリープ材料とは降伏曲面を持たない塑性モデルといえる。本章では4.1節にてクリープ挙動の物理的背景と有限要素法における基本的項目を説明した後に、続く4.2節以降で粘塑性というキーワードにおける現在の有限要素法で適用されている代表的なクリープ材料モデルについて説明する。

なお、高分子もクリープ挙動を示すが、一般的には粘弾性体（線形バネと粘性ダッシュポットの力学的組み合わせ）としてモデル化されており、その理論や計算手法については他の文献[1][2][3]をあたられたい。

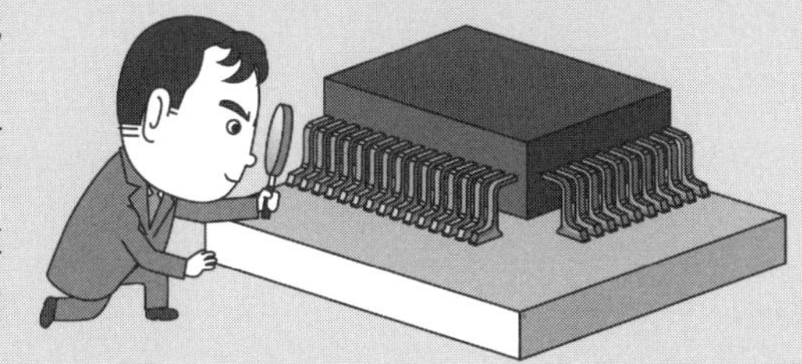

4.1　クリープ材料

4.1.1　クリープ挙動

材料に荷重を負荷した場合変形が生じるが、その荷重が保たれたまま**図 4.1** に示すように、時間の経過に伴ってさらに変形が生じる現象がある。これは時間依存の非弾性挙動であり、クリープ挙動（creep behavior）といい、クリープ挙動によって発生するひずみをクリープひずみ（creep strain）という。金属材料のような結晶質材料では、一般にクリープは高温状態で発生すると考えられており、クリープの顕著になる温度 θ（絶対温度）は、その材料の融点 θ_m を基準として定まる。一般に、金属材料のクリープは通常 $\theta > 0.3\theta_m$ において著しくなる。クリープ挙動の重要な特徴は、温度と応力が一定であるにも関わらず、図 4.1 に示すように時間に伴ってひずみが増加することである。$t=0$ で荷重が負荷されたとき、瞬間ひずみは荷重の大きさにより、弾性変形または塑性変形状態となる。つまり、瞬間ひずみ ε^0 は、弾性ひずみ ε^e と塑性ひずみ ε^p から

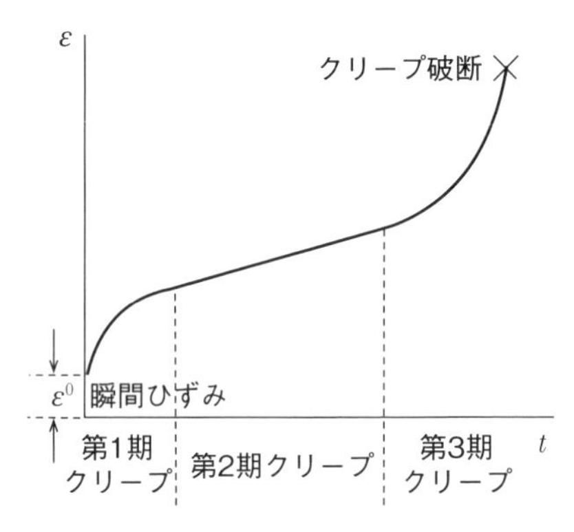

図 4.1　クリープ曲線

$$\varepsilon^0 = \varepsilon^e + \varepsilon^p \tag{4.1}$$

となり、クリープひずみを ε^c とすれば全ひずみ ε は

$$\varepsilon = \varepsilon^0 + \varepsilon^c \tag{4.2}$$

となる。

一般的に、クリープ曲線は図 4.1 に示す三つの段階に分けることができ、それぞれ第 1 期クリープ（primary creep stage）、第 2 期クリープ（secondary creep

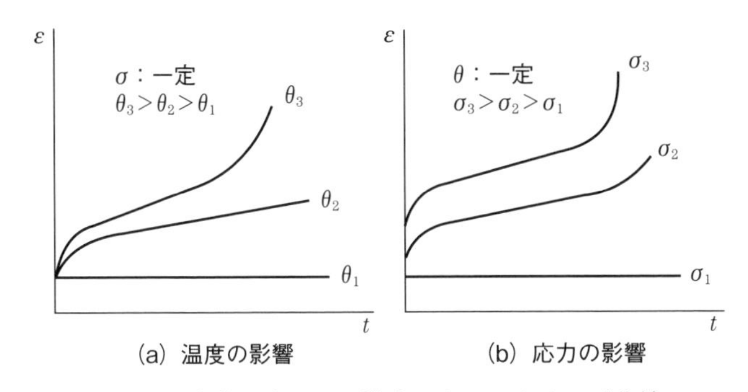

図 4.2　応力一定または温度一定でのクリープ曲線

stage)、第３期クリープ（tertiary creep stage）という。第３期クリープの最終段階で、クリープ破断（creep rupture）となる。これら３期のクリープ段階はそれぞれ、遷移（非定常）クリープ（transient creep)、定常クリープ（steady-state creep）および加速クリープ（accelerating creep）ともいわれる。クリープ曲線の形状はその時の温度や作用している荷重によって大きく異なり、材料によっては、このような三つの段階が明瞭に現れない場合もある。**図 4.2**(a)は模式的に一定応力の下で $\theta_3 > \theta_2 > \theta_1$ の順で温度が高くなったときのクリープひずみ曲線を示し、図 4.2(b)は温度一定条件の下で $\sigma_3 > \sigma_2 > \sigma_1$ の順で作用する応力が大きくなったときの影響を示す。両図より、ある温度あるいは応力以下では、明瞭なクリープ現象が生じないことがわかる。

金属のクリープ現象は温度により影響を受けるが、主に材料の内部構造の変化が原因である。一般に温度上昇に伴い、すべりによりひずみ硬化するにもかかわらず、内部構造要素が活性化するため、クリープひずみ速度は上昇する。

図 4.3 に、アッシュビー（Ashby[4]）がまとめた変形メカニズムのマップのうちアルミニウムについて示す。第１横軸（下軸）が環境温度 θ を材料の融点 θ_m で除した正規化温度であり、第１縦軸（左軸）は応力をせん断弾性率で除した正規化応力である。第２横軸（上軸）は実際の試験時の環境温度であり、第２縦軸（右軸）は応力値である。Ashby はアルミニウムの他にタングステンやチタン、鉛、鉄などでも変形マップを示しており、材料によって多少の差はある

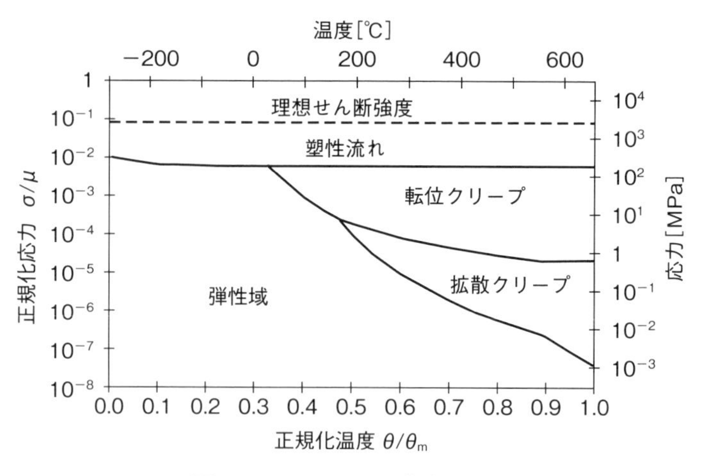

図 4.3 Aluminum の変形マップ

が正規化温度と正規化応力でまとめると図 4.3 と同等の線図がかけることを示した。すなわち第 1 横軸と縦軸は同じ数値範囲であるが、第 2 横軸と縦軸は材料によって大きく変わる。たとえば、鉛の第 2 横軸は−200 から 300 ℃であり第 2 縦軸は 1/10 程度であるので、常温の比較的小さい応力でもクリープ変形することが確認される。

図 4.3 を参照して、環境温度 θ が材料の融点 θ_m より比較的低い $\theta<0.4\theta_m$ では、第 1 期クリープの特徴であるすべり型の転位クリープ機構が主に観察される。もう少し高い温度 $0.4\theta_m<\theta<0.5\theta_m$ になると、金属の結晶格子構造に転位の熱活性化を引き起こす。つまり、転位が結晶自身の剛性と障壁を乗り越え格子を貫通して動き出す。第 1 期クリープの主な特徴である交差すべり機構は未だ支配的であるが、転位クリープの機構は材料内のひずみ硬化を消滅させてしまう。さらに高温、$0.5\theta_m<\theta<0.6\theta_m$ になれば硬化機構をしのぐ転位クリープが生じ、第 2 期クリープ相が生じることになる。この転位クリープは機械構造物における基本的なクリープ機構であり、図 4.2(b)に示すように作用応力に強く依存する。応力レベルが比較的小さい場合、転位の動きは遅いか停止している。しかし高温状態 $0.6\theta_m<\theta<0.8\theta_m$ では応力レベルが低くても、拡散クリー

プ機構によって変形する。拡散クリープは急激なひずみ速度の増大をもたらし、クリープ破断へと導く。

▶4.1.2　クリープ関数

図 4.1 および式(4.2)に示すように、全ひずみ ε は瞬間ひずみとクリープひずみの和で表される。ここで、クリープひずみはクリープの進行とともに一定値に漸近する遷移クリープひずみ（transient creep strain）ε^t と、時間に比例して増加する定常クリープひずみ（steady–state creep strain）ε^s に分けられる。

$$\varepsilon^c = \varepsilon^t + \varepsilon^s \tag{4.3}$$

有限要素法などの数値解析では、図 4.1 のようなクリープ曲線を数式によって表現することが必要になる。クリープ挙動は、図 4.2 に示すように温度や応力の影響を受けるので、応力 σ、時間 t、温度 θ の関数として次式で表される。

$$\varepsilon^c = f_1(\sigma) \cdot f_2(t) \cdot f_3(\theta) \tag{4.4}$$

応力に依存する $f_1(\sigma)$ と時間に依存する $f_2(t)$ の関数の組み合わせを次節以降で説明するが、本項では温度に依存する関数 $f_3(\theta)$ の代表例としてアレニウス（Arrhenius）の法則についてあらかじめ説明しておく。クリープ変形の機構が温度に依存する $f_3(\theta)$ の関数は、ある温度での化学反応の予測式である Arrhenius の法則を使った次式で表されるのが一般的である。

$$f_3(T) = A \exp\left(-\frac{Q}{R\theta}\right) \tag{4.5}$$

ここで、A は係数、Q はクリープの活性化エネルギー、R はガス定数（8.314462 [J/(K•mol)]）である。なお、この式での θ は絶対温度であることに注意されたい。Arrhenius 則の物理的解釈としては、反応する前に活性化エネルギー Q 以上のエネルギー（運動エネルギー）をもつ分子だけがエネルギー障壁を越えて反応が進むといえる。したがって反応速度（クリープ速度）は温度 θ が高く、活性化エネルギー Q が低いと大きくなる。

4.1.3 クリープ構成式の積分手法

クリープ構成式の時間積分を有限要素法で扱う手法として、陽解法と陰解法の2種類に分類され、本項ではこれらについて説明する。

(a) 陽解法クリープ

本手法では、全ひずみを弾性ひずみとクリープひずみに分解し、熱応力と同様の形式で疑似荷重として取り扱う[5]。全ひずみは、

$$\{\varepsilon\} = \{\varepsilon^e\} + \{\varepsilon^c\} \tag{4.6}$$

であり、変位とひずみと応力の関係から

$$\begin{aligned} \{\varepsilon\} &= [B]\{u\} \\ \{\sigma\} &= [D]\{\varepsilon^e\} = [D](\,[B]\{u\} - \{\varepsilon^c\}\,) \end{aligned} \tag{4.7}$$

と表せる。内力と外力のつり合いから、本来の外荷重を$\{f\}$として、解くべき方程式は

$$\int_V [B]^T[D][B]\mathrm{d}V\{u\} = \int_V [B]^T[D]\{\varepsilon^c\}\mathrm{d}V + \{f\} \tag{4.8}$$

となり、

$$[K] = \int_V [B]^T[D][B]\mathrm{d}V, \quad \{f^c\} = \int_V [B]^T[D]\{\varepsilon^c\}\mathrm{d}V \tag{4.9}$$

とおけば、次式となる。

$$[K]\{u\} = \{f^c\} + \{f\} \tag{4.10}$$

上式は、クリープひずみを陽な形で表した方程式であることから、陽解法クリープ（explicit creep）といわれる。ただし、この手法は、時間増分Δt後の応力を既知の応力に基づいて近似的に解いていく手法であるため、1回あたりの計算量は少なくてすむが、条件付き安定（conditionally stable）となり時間増分Δtを大きく取ると解が不安定となる。安定限界として、クリープひずみ増分が弾性ひずみの50 %となる時間増分Δtを用いれば、有効であるとされている。

$$\Delta t \cdot \dot{\varepsilon}^c < 0.5\varepsilon^e \tag{4.11}$$

(b)　陰解法クリープ

塑性変形が進行するとき降伏条件式が満足されるのと同様に、クリープが進行している状態においてクリープ関数をクリープポテンシャル G と仮定して、クリープひずみが比例定数 $\mathrm{d}\lambda^c$ を用いて

$$\{\mathrm{d}\varepsilon^c\}=\mathrm{d}\lambda^c\left\{\frac{\partial G}{\partial \sigma}\right\} \tag{4.12}$$

で表せるとする。この場合、弾塑性挙動の応力―ひずみ構成則と同様な形式で剛性マトリックスの中にクリープひずみの効果を含めることができる。

$$[K(\varepsilon^c)]\{u\}=\{f\} \tag{4.13}$$

このような手法を陰解法クリープ（implicit creep）といい、計算量は増えるが、陽解法クリープのような安定条件は存在せず、無条件安定（unconditionally stable）であり大きな時間増分を取ることができる。

4.2　べき乗モデル

クリープ挙動を表す最も代表的な数式としてべき乗モデルがある。第１期クリープ（遷移クリープ）に対するクリープひずみ速度は、クリープ硬化に対する変数を q とおいて、

$$\dot{\varepsilon}^c=f(\sigma, q, \theta) \tag{4.14}$$

を用いることが多い。ここで応力に対する関数

$$\dot{\varepsilon}^c=A\sigma^n \tag{4.15}$$

をノートン則（Norton[6]）といい、時間に対する関数

$$\dot{\varepsilon}^c=Bt^m \tag{4.16}$$

をベイリー則（Bayley[7]）という。クリープひずみ速度の変化は、変形とともに進行する材料の硬化とも解釈でき、クリープ速度の変化を規定する理論のことをクリープ硬化則（creep hardening rule）ともいい、次の二つの硬化則に代表される。

4.2.1　時間硬化則

クリープ硬化変数に時間を仮定する場合（$q=t$）、時間硬化則（time hardening rule）という。この理論では、一定温度一定応力クリープ試験結果にみられる材料の硬化、すなわちクリープひずみ速度の減少は材料の時間硬化だけによって生じると仮定し、クリープひずみ速度は

$$\dot{\varepsilon}^c=f(\sigma, t, \theta) \tag{4.17}$$

と表せる。具体的表記として、応力と時間に対してべき乗を取り

$$\dot{\varepsilon}^c=A\sigma^n t^m \tag{4.18}$$

と表せる。

この理論の特徴は、構成式が簡単で計算が容易であり、簡便なクリープ解析によく用いられる。しかし、クリープ現象は経過時間よりも材料の受ける荷重履歴に著しい影響を受けるので、時間硬化則は応力変動がわずかで、ゆるやかな場合以外には適用しない方がよい。

4.2.2　ひずみ硬化則

クリープ硬化変数にクリープひずみを仮定する場合（$q=\varepsilon^c$）、ひずみ硬化則（strain hardening rule）といわれ、式(4.14)に$q=\varepsilon^c$を代入し、クリープひずみ速度は

$$\dot{\varepsilon}^c=f(\sigma, \varepsilon^c, \theta) \tag{4.19}$$

と表せる。べき乗則のクリープ

$$\dot{\varepsilon}^c=A\sigma^n t^m \tag{4.20}$$

を適用すれば、クリープひずみは

$$\varepsilon^c=\frac{A}{m+1}\sigma^n t^{m+1} \tag{4.21}$$

であるので、時間をクリープひずみで表して、式(4.20)に再代入すれば

$$\dot{\varepsilon}^c=\{A\sigma^n[(m+1)\varepsilon^c]^m\}^{1/(m+1)} \tag{4.22}$$

となる。この理論は、応力変動に対するクリープ変形をよく表し、非定常クリープ解析によく用いられている。ひずみ硬化則を取る場合、べき乗則の式(4.20)はベイリー・ノートン則といわれる。このべき乗則の場合、係数Aと応力と時間のべき数n、mを温度の関数とすることで、温度依存も含めて簡潔に材料定数をまとめることができる。

時間硬化則とひずみ硬化則は、クリープ硬化の物理的な解釈に大きな違いを伴うが、一定応力下における遷移クリープには、硬化則の違いによる影響は現れない。一般に、硬化則の違いは、応力変動が発生した後のクリープ挙動の結果に現れる。したがって、応力緩和現象の際にも硬化則の違いは発生する。例として単軸クリープ問題において、応力変動を与えた場合のクリープひずみの履歴を**図 4.4**に示す。図において、曲線OABは$\sigma=\sigma_1$一定の条件でのクリープひずみを示し、曲線OCDEは$\sigma=\sigma_2$一定でのクリープひずみを示す。今、$t=0$で応力σ_1を負荷し、$t=t_1$まで放置した後、応力をσ_2へ階段状に増加したとすると、$t=t_1$以降のクリープひずみは硬化則によって異なる。時間硬化則では$\sigma=\sigma_2$一定でのクリープひずみの同じ時間における曲線DEを下側へ移動した

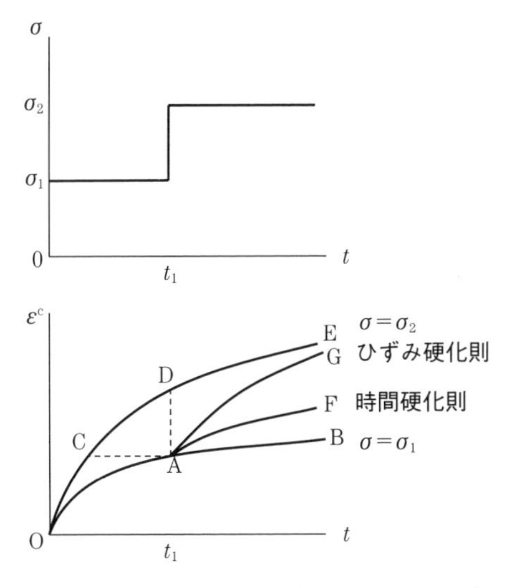

図 4.4　階段状応力変化に対する時間硬化則とひずみ硬化則

状態となり、曲線OAFとなる。ひずみ硬化則では$\sigma=\sigma_2$一定でのクリープひずみの同じクリープひずみにおける曲線CDEを右側へ移動した状態となり、曲線OAGとなる。応力緩和を含めて、応力変動を伴う現象に対しては、一般的にひずみ硬化則のほうが実験結果に近いクリープ挙動を予測できる。

4.2.3 例題（クリープ解析と単位）

図4.5に示す1要素の平面応力要素を用いて、単軸試験を想定したクリープ解析を行う。クリープ則は式(4.20)のべき乗則を用いて、ポンド［lbf］、インチ［in］、秒［sec］の単位で図中に表記してある。ここでクリープ係数Aの単位は、応力のマイナスn乗と、時間のマイナスm乗を速度とするため時間の単位で割ったものになることに注意してほしい。このクリープ係数をN、mm、hourに単位換算すると

$$A=2.5\times10^{-27}[\mathrm{psi}^{-5}\,\mathrm{sec}^{-0.8}]=\frac{2.5\times10^{-27}}{(6.8948\times10^{-3})^5(1/3600)^{0.8}}$$

$$=1.123\times10^{-13}[\mathrm{MPa}^{-5}\,\mathrm{hour}^{-0.8}] \tag{4.23}$$

となる。

解析条件は、モデル左側に拘束条件を設定し、右側の辺に瞬間的な荷重(20000[psi])を与えた後100000[sec]までのクリープひずみを求める。in、psi、

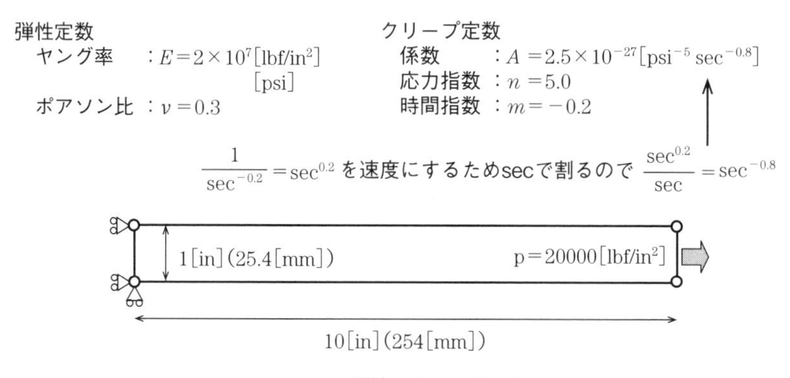

図4.5　単軸クリープ解析

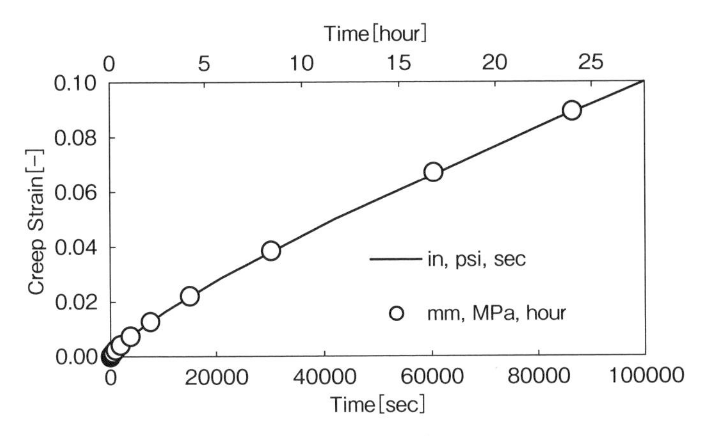

図 4.6　クリープひずみ履歴

secの単位系でのAbaqusの入力データをBox 4.1に示す。Box 4.2にはmm、MPa、hourの単位での修正部分のみを示す。**図 4.6** にin系の結果を実線で、mm系の結果を○のシンボルプロットで示す。正しい単位換算を行えば同じクリープひずみ履歴結果が得られる。

本解析のin系でのクリープ係数Aの値は小さい値を例として設定したが、単位系によってはAが非常に小さい値となる可能性がある。そのような場合、数値計算での問題を回避するため本例のように単位換算（特に時間）を行い、適切な大きさに設定する必要がある。一般に10^{-27}より小さい値は避けた方がよい。

Box 4.1　単軸クリープ解析の入力データ（in、psi、secの単位系）

```
*HEADING
*NODE           ** 節点座標の定義（in）
 1,  0.0, 0.0
 2, 10.0, 0.0
 3, 10.0, 1.0
 4,  0.0, 1.0
*ELEMENT, TYPE=CPS4R, ELSET=EALL    ** 平面応力要素の定義
```

```
1, 1, 2, 3, 4
*SOLID SECTION, ELSET=EALL, MATERIAL=CREEP-PSI
,
*MATERIAL, NAME=CREEP-PSI             ** 材料定義
*CREEP, LAW=STRAIN                    ** ひずみ硬化則でのクリープ材料定義
 2.5E-27, 5.0, -0.2                   ** in、psi、sec でのクリープ係数
**     A,    n,     m
*ELASTIC
 2.0E+07, 0.3
**   E    ,    ν
*STEP, NAME=INSTANTANEOUS_LOAD
*STATIC, DIRECT             ** 瞬間的な荷重を静的解析ステップで与える
1E-07, 1E-07,
*BOUNDARY
1, 1, 2
4, 1, 1
*DLOAD
EALL, P2, -20000.0          ** 瞬間荷重は 20000[psi]
*END STEP
*STEP, NAME=TRANSIENT
*VISCO, CETOL=0.01          ** 準静的（クリープ）解析の指示
       0.01,      100000.0,       0.001
**初期時間幅，現象時間 [sec]，最小時間増分
*OUTPUT, HISTORY
*ELEMENT OUTPUT, ELSET=EALL
CEEQ,
*END STEP
```

Box 4.2　入力データ（mm、MPa、hour の単位系）

```
*NODE                    ** 節点座標の定義(mm)
 1,    0.0,   0.0
 2, 254.0,   0.0
 3, 254.0, 25.4
 4,    0.0, 25.4
*MATERIAL, NAME=CREEP-MPA
*CREEP, LAW=STRAIN
 1.123E-13, 5.0, -0.2      ** mm、MPa、hour でのクリープ係数
```

```
*ELASTIC
138000.0, 0.3                ** 弾性係数を MPa に換算
*DLOAD
EALL, P2, -138.0             ** 瞬間荷重は 138[MPa]
*STEP, NAME=TRANSIENT
*VISCO, CETOL=0.01
     1E-06,          24.0,       1E-08
**初期時間幅, 現象時間[hour], 最小時間増分
*END STEP
```

4.2.4　例題（応力緩和解析）

前節と同じ解析モデル（mm系）を使用した応力緩和解析を行い、時間硬化則とひずみ硬化則の違いを確認する。モデル右側の節点に強制変位条件を与え、一定の変位拘束の状態で応力緩和を求める。

解析結果として応力の時刻変化を**図4.7**に示す。実線のひずみ硬化則と破線の時間硬化則で緩和状態が異なる結果が得られている。

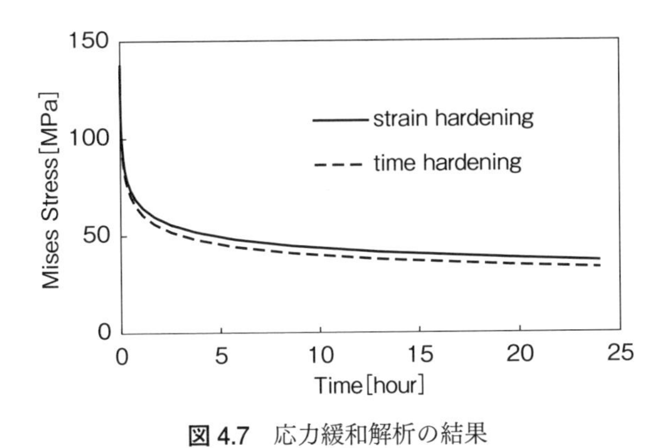

図4.7　応力緩和解析の結果

4.2.5 例題（応力変動）

前節と同じ解析モデルに応力変動を与えて、クリープ硬化則の違いを確認する。時間 $(0<t\leq 1)$ の間で $\sigma_1=138.0$[MPa] の引張応力を与え、時間 $(1<t\leq 2)$ の間で $\sigma_2=200.0$[MPa] の引張応力を与えた。**図 4.8** に示す解析結果の通り、ひずみ硬化則の方が時間硬化則よりも大きいクリープひずみが得られており、両者の違いが明瞭に現れている。

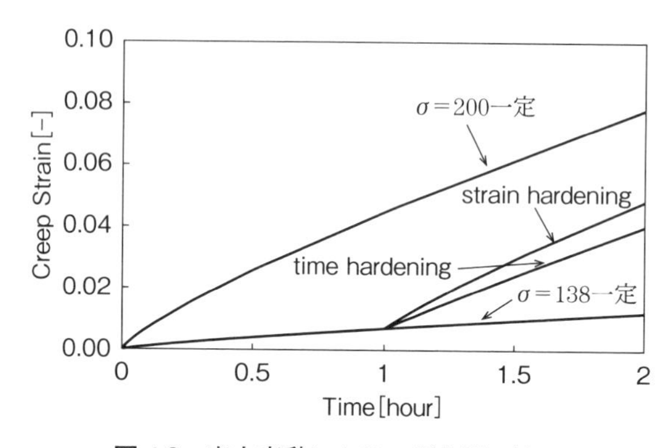

図 4.8 応力変動における硬化則の違い

4.3 Garofalo モデル

4.3.1 双曲線正弦則

低応力の領域でのクリープひずみ速度は式(4.15)の Norton 則が比較的合うため多用されるが、き裂先端近傍などの応力が高い領域ではクリープひずみ速度は応力の指数関数に比例することが多く、次式のドーン則（Dorn[8]）が適用されることが多い。

$$\dot{\varepsilon}^c=A'\exp(\alpha\sigma) \tag{4.24}$$

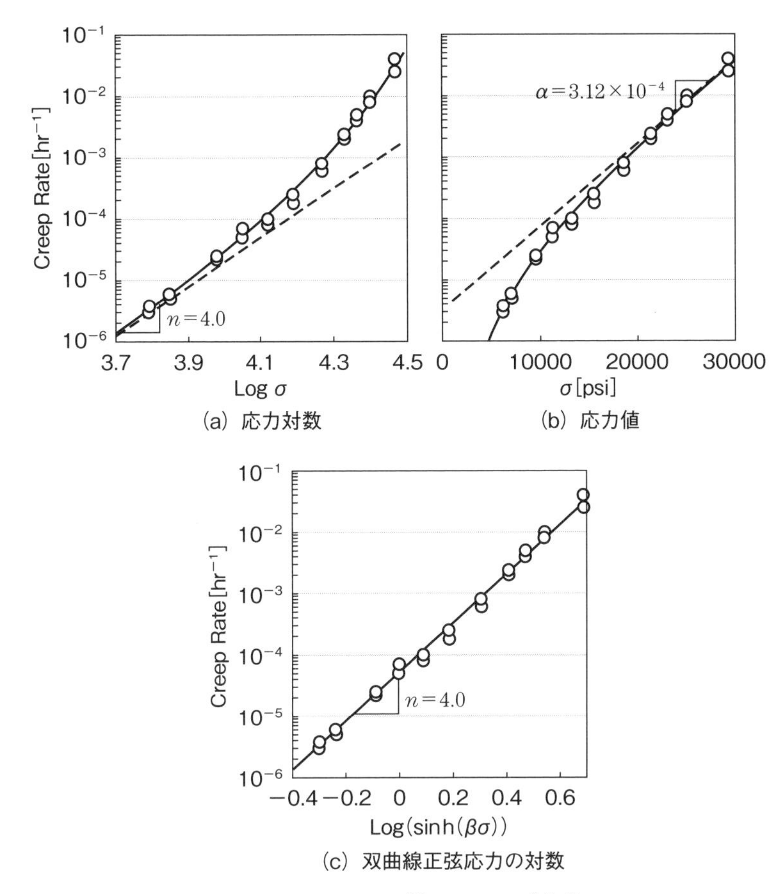

図 4.9　ステンレス鋼のクリープ速度

広範囲の応力レベルにおけるステンレス鋼のクリープ速度を**図 4.9** の○のシンボルプロットで示す。温度は 977[K] 一定である。図 4.9(a)の横軸は応力の対数、(b)の横軸は応力値（単位は psi＝lbf/in^2）であり、いずれも縦軸はクリープひずみ速度の対数である。図 4.9(a)(b)においてクリープひずみ速度の大きな変化点は見られず、低応力レベルから高応力レベルにかけて徐々にクリープひずみ速度が遷移している様子がわかる。そこで、ガロファロ（Garofalo[9]）は双曲線正弦関数を用いて、高応力レベルでは応力の指数関数に対する依存性を持たせ、低応力レベルではべき乗則の形になる次式を提案した。

$$\dot{\varepsilon}^c = A''[\sinh(\beta\sigma)]^n \tag{4.25}$$

数学的に式(4.25)を検証してみよう。$\beta\sigma > 1.2$ であれば式(4.25)は 10 %の誤差の範囲で次式に変形できる。

$$\dot{\varepsilon}^c = \frac{A''}{2^n}\exp(n\beta\sigma) \tag{4.26}$$

これは高応力レベルのクリープひずみ速度を表す式(4.24)と同じ形式であるので、$A''/2^n = A'$ および $\beta = \alpha/n$ の関係式が得られる。一方 $\beta\sigma < 0.8$ であれば式(4.25)は 10 %の誤差の範囲で次式に変形できる。

$$\dot{\varepsilon}^c = A''\beta^n\sigma^n \tag{4.27}$$

これは低応力レベルを表現できる式(4.15)の Norton 則と同じ形式となるので、$A''\beta^n = A$ の関係が得られる。

ここで Norton 則の係数 n は、図 4.9(a)の低応力側を近似する点線の傾きから

$$n = \frac{\Delta \log \dot{\varepsilon}^c}{\Delta \log \sigma} = 4.0 \tag{4.28}$$

で得られる。一方、指数関数則の係数 α は図 4.9(b)の高応力側を近似する点線の傾きから次式で得られる。

$$\alpha = \frac{\Delta \ln \dot{\varepsilon}^c}{\Delta\sigma} = 3.12\times10^{-4}\left[\frac{\mathrm{in}^2}{\mathrm{lbf}}\right] \tag{4.29}$$

したがって、Garofalo モデルの係数 β は

$$\beta = \frac{3.12\times10^{-4}}{4} = 7.8\times10^{-5}\left[\frac{\mathrm{in}^2}{\mathrm{lbf}}\right] \tag{4.30}$$

となる。また、係数 A'' は全領域に対する最適解として $A'' = 5.30\times10^{-5}[\mathrm{hr}^{-1}]$ が得られる。

これらの係数を使った Garofalo モデルを図 4.9 のすべてのグラフに実線で示す。Garofalo モデルは、全応力レベルにおいて実験結果を模擬できていることがわかる。また、横軸に双曲線正弦関数の対数を取った図 4.9(c)のグラフでは

実験結果が直線に収まっている事実からもGarofaloモデルの有効性が示されている。現実の材料では、係数A''、n、βは温度に依存することが報告[9]されているが、汎用の有限要素法ではGarofaloモデルの材料パラメータに温度依存性を持たせずに次式のように、式(4.5)のArrhenius則の温度関数を追加していることが多い[1]。

$$\dot{\varepsilon}^c = A[\sinh(\beta\sigma)]^n \exp\left(-\frac{Q}{R\theta}\right) \tag{4.31}$$

このGarofaloモデルは、広範囲の応力レベルに対するクリープひずみ速度を表現できるモデルとして使用されており、後のAnandモデルやDarveauxモデルの基礎となっている。

4.4 Anandモデル

4.4.1 変形抵抗の状態変数化

金属の塑性加工の手法の一つに熱間加工がある。金属材料にその再結晶温度以上で圧延、鍛造、押出しなどの塑性変形を与えて所定の形状をつくる加工方法である。金属は一般に温度を上げると変形抵抗（deformation resistance）は減少し、割れを起こさずに変形しうる変形最大量が増す。これに加えて再結晶により、素地は急速に加工前の状態に回復するので、高い変形速度で加工できる。すなわち、小さな容量の加工機械で高速に塑性加工できるので加工能率は高い。絶対温度で表したときに、融点の半分を超える環境での熱間加工における、材料内部でのひずみ硬化、動的回復、動的再結晶化などの現象を数値計算で取り扱うために、アナンド（Anand[10][11][12]）は変形抵抗を内部状態変数として構成則に適用した。変形抵抗は収縮しきい値（mechanical threshold）ともいわれ、応

[1] ここでは係数を単にAと表記したが、それまでの説明のA''と同じである。

力の単位を持つ状態変数であり、すべての粘塑性流れによる熱活性化はこの変形抵抗以下の応力レベルで発生する。Anand はこの変形抵抗を Garofalo モデルの式(4.31)に導入し、次式のクリープひずみ速度を定義した[2]。

$$\dot{\varepsilon}^{c}=A\left[\sinh\left(\xi\frac{\sigma}{s}\right)\right]^{\frac{1}{m}}\exp\left(-\frac{Q}{R\theta}\right) \tag{4.32}$$

ここで、A、ξ、m は材料パラメータであり、Q は活性化エネルギー、R はガス定数である。σ は相当応力、θ は絶対温度である。

変形抵抗 s の発展式（速度）は次式で定義される。

$$\dot{s}=h(\sigma,s,\theta)\dot{\varepsilon}^{c}-\dot{r}(s,\theta) \tag{4.33}$$

ここで右辺第 1 項はひずみ硬化と動的回復を表し、応力、変形抵抗、温度の関数 h と非弾性ひずみ速度（クリープひずみ速度）$\dot{\varepsilon}^{c}$ の積となる。第 2 項は静的回復を表すが、第 1 項の変形の過程におけるひずみ速度による寄与分がはるかに大きいとして無視されて、変形抵抗の発展式は次式に縮小される。

$$\dot{s}=h(\sigma,s,\theta)\dot{\varepsilon}^{c} \tag{4.34}$$

関数 h は、次式のように 2 つの挙動に分類される。

$$h(\sigma,s,\theta)=h_1(\sigma,s,\theta)-h_2(\sigma,s,\theta) \tag{4.35}$$

右辺第 1 項はひずみ硬化を表し、第 2 項は動的回復によるひずみ軟化を表す。この考え方の元で、簡単で特別な形式として次式が採用される。

$$h=h_0\left(1-\frac{s}{s^*}\right) \tag{4.36}$$

ここで、h_0 は比熱的な硬化比率の材料パラメータであり、s^* は次式の変形抵抗の飽和値である。

$$s^*=\tilde{s}\left[\frac{\dot{\varepsilon}^{c}}{A}\exp\left(\frac{Q}{R\theta}\right)\right]^{n} \tag{4.37}$$

ここで、$\tilde{s}$、n は材料パラメータである。つまり $h_1=h_0$ がひずみ硬化の寄与分で、$h_2=h_0 s/s^*$ がひずみ軟化の寄与分を表している。ひずみ速度の減少または

---

[2] Anand の原論文では粘塑性という挙動を表現するため、非弾性ひずみ速度を $\dot{\varepsilon}^{p}$ と記述しているが、本書ではクリープひずみ速度という意味合いから $\dot{\varepsilon}^{c}$ と表記した。

温度の上昇によって飽和値は減少するので、ひずみ軟化が増大する関係式となる。なお変形抵抗は式(4.34)のように速度形式で定義されているので、初期値 s_0 が必要となる。この変形抵抗の初期値は温度に依存することが実験から示されており、Abaqus では絶対温度 θ の２次関数としている。

$$s_0 = S_1 + S_2\theta + S_3\theta^2 \tag{4.38}$$

ここで、S_1、S_2、S_3 は材料パラメータである。

式(4.36)は簡単な形式であるので、後にブラウンら（Brown et al.[12]）は実験結果から別のパラメータ a を用いた次式を導出した。

$$h = h_0\left|1 - \frac{s}{s^*}\right|^a \mathrm{sign}\left(1 - \frac{s}{s^*}\right) \tag{4.39}$$

さて、本来熱間加工におけるひずみ速度と温度依存性をもつ大きな非弾性ひずみを模擬するために提案されたAnandモデルであるが、その後はんだのクリープ挙動を解析するために多用された。鉛含有はんだである共晶はんだの融点は約 183 ℃、鉛フリーはんだの融点は約 217 ℃というのが一般的な値であるので、応力レベルによるが常温でもクリープ挙動が発現することが大きな理由である。ここで Anand モデルの硬化と軟化の係数 h_0 は本来一定値を取るとされていたが、鉛フリーはんだ Sn3.5Ag の材料挙動が低温低ひずみ領域で正確に表現されないことがチェンら（Chen et al.[13]）によって報告されており、次式のように温度やクリープひずみ速度に依存するように改良された。

$$h_0 = A_0 + A_1\theta + A_2\theta^2 + A_3\dot{\varepsilon}^c + A_4(\dot{\varepsilon}^c)^2 \tag{4.40}$$

Anand モデルの材料パラメータは非常に多いので、**表 4.1** にまとめる。また、一例として Chen らが計測した Sn3.5Ag の値も表 4.1 に併記した。Anand モデルの材料パラメータの同定方法については、文献［12］［14］をあたられたいが、温度条件が３個以上、ひずみ速度を 100 倍から数千倍程度の範囲で変えた実験を３個以上実施する必要があるとされている。

この Anand モデルには適用範囲があり、温度の静的回復と静的動的再結晶化については無視している。また単一の内部変数を用いているので、変態を生じる多層組織などには不向きである。

表 4.1　Anand モデルの材料パラメータと Sn3.5Ag の値

パラメータ	物理的意味	Sn3.5Ag の値
A	非弾性ひずみ速度の係数	177016[sec^{-1}]
ξ	応力にかかる係数	7.0
m	ひずみ速度の感度を表す指数	0.207
Q	活性化エネルギー	85459[J/mol]
R	ガス定数	8.314462[J/(K・mol)]
$\tilde{s}$	変形抵抗の飽和値の係数	52.4[MPa]
n	ひずみ速度の変形抵抗への感度	0.0177
a	硬化、軟化を示す感度	1.6
h_0	硬化、軟化の係数 次の 4 つのパラメータで表せる	[MPa]
A_0		−90939.8[MPa]
A_1		960.7[MPa/K]
A_2		−0.956[MPa/K^2]
A_3		−3260581.8[MPa・sec]
A_4		24976815.5[$MPa・sec^2$]
s_0	変形抵抗の初期値 次の 3 つのパラメータで表せる	[MPa]
S_1		28.6[MPa]
S_2		−0.0673[MPa/K]
S_3		0.0[MPa/K^2]

4.4.2　例題（速度変化を伴う圧縮変形）

Brown[12] らが行った圧縮方向へのひずみ速度を変化させた実験の模擬解析を行う。1100Alminum に対して、最初非常に小さいひずみ速度（$\dot{\varepsilon}=0.0001$）で圧縮した後、大きな 3 種類のひずみ速度での応力ひずみ関係を Brown らは 3 種類の温度で計測し、その結果から材料パラメータを同定した。計測データに対する温度依存の弾性定数を**表 4.2** に、Anand パラメータを**表 4.3** に示す。なお、表 4.2 には Anand パラメータの温度依存の変形抵抗初期値を併せて記しており、

表 4.2　弾性率と変形抵抗の初期値

温度 [℃]	ヤング率 [MPa]	ポアソン比	変形抵抗の初期値［MPa］
300	59400	0.356	36.6
350	57300	0.359	34.4
400	55100	0.362	29.7
450	52900	0.365	29.5
500	50700	0.368	27.6
600	46400	0.377	21.6

表 4.3　Anand パラメータ

パラメータ	値
A	1.91×10^{7}[sec^{-1}]
ξ	7.0
m	0.23348
Q	175.3[kJ/mol]
Q/R	21083.75[K]
h_0	1115.6[MPa]
a	1.3
$\tilde{s}$	18.9[MPa]
n	0.07049

これらのデータから式(4.38)の２次方程式のパラメータを近似すれば、$S_1=66.559$、$S_2=-0.0557$、$S_3=5.0\times10^{-6}$ となる。また、Brown らのデータでは硬化と軟化の係数 h_0 は温度依存を考慮していないので、$A_0=h_0$ であり残りの A_1 から A_4 はすべてゼロとなる。

Abaqus での Anand モデルの入力データを Box 4.3 に示す。この解析例では 2.2.2 項で説明した１要素軸対称モデルを用いて、第１ステップでは低速度での圧縮変形を与え、第２ステップで速度を増加させる解析を行っている。大変形大ひずみ領域を解析するので、有限変形理論を適用している。

環境温度の違いによる応力―ひずみ線図の各解析結果を**図 4.10** に示す。有限変形理論で解析しているので、横軸は相当クリープ対数ひずみ、すなわち圧縮方向の対数ひずみであり、縦軸は相当応力すなわち圧縮方向の真応力である。いずれのひずみ速度であっても、高温状態になるにしたがって応力は低下しており、変形抵抗が減少していることがわかる。また、ひずみ速度の上昇に応じて応力も上昇しており、材料のひずみ速度依存性と温度依存性を正しく表現しているといえる。ただし低ひずみ領域であっても本来応力は増加するべきであるが、本例では h_0 を一定値としているため高温状態の低ひずみ領域（0.05 以下）では逆に応力が緩和していることに注意されたい。この点を改善するには、式(4.40)のように h_0 に温度や速度依存性を持たせるなどの工夫が必要である。

本例では、Anand モデルの材料パラメータありきで解析例を示したが、本質

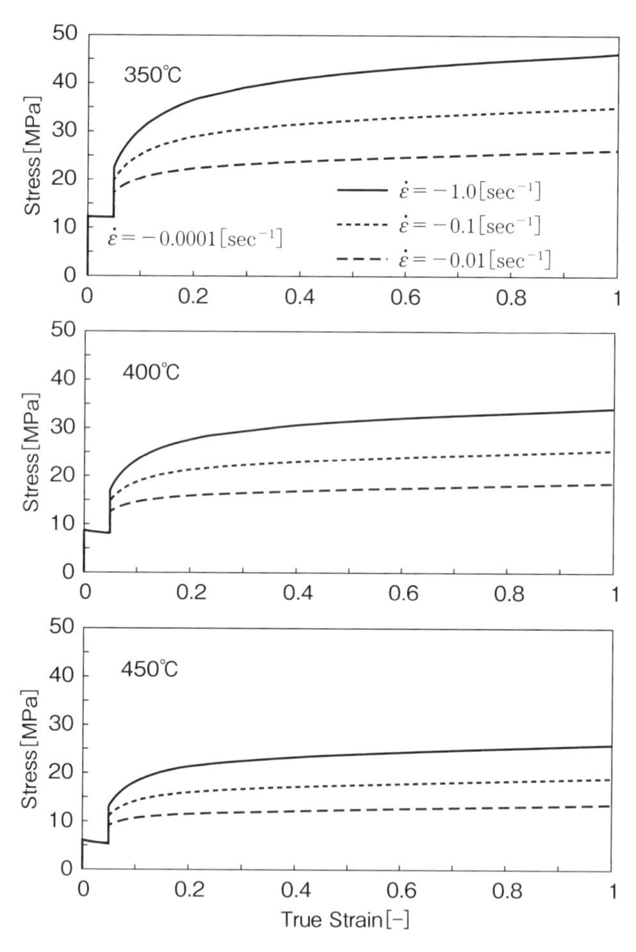

図 4.10　1100Aluminum の圧縮試験模擬解析

的には図4.10のような様々な温度や荷重の条件において材料試験を行い、その線図から各パラメータを同定することが本筋である。

Box 4.3　Anand モデルでの圧縮変形の入力データ

```
*HEADING
** JOB NAME: AL350-0 MODEL NAME: AL-350-0
```

```
*NODE, NSET=NALL                  ** 節点座標の定義
      1, 0.0,      0.0
      2, 0.5642,   0.0
      3, 0.5642,   1.0
      4, 0.0,      1.0
*ELEMENT, TYPE=CAX4R, ELSET=EALL          ** 軸対称要素の定義
1, 1, 2, 3, 4
*SOLID SECTION, ELSET=EALL, MATERIAL=ANAND-AL
,
*MATERIAL, NAME=ANAND-AL          ** 材料定義
*ELASTIC                          ** 温度依存の弾性定数
59400.0, 0.356, 300.0
57300.0, 0.359, 350.0
55100.0, 0.362, 400.0
52900.0, 0.365, 450.0
50700.0, 0.368, 500.0
46400.0, 0.377, 600.0
**  E  ,      ν,     θ
*CREEP, LAW=ANAND                 ** Anandモデルでのクリープ材料
66.559, 21083.74, 1.91E7, 7.0, 0.23348, 1115.6, 18.9, 0.07049
**  S1,       Q/R,       A,    ξ,         m,      A0,    s̃,        n
  1.3, -0.0557, 5.0E-6, 0.0, 0.0, 0.0, 0.0
**  a,       S2,     S3,  A1,   A2,  A3,  A4
*PHYSICAL CONSTANTS, ABSOLUTE ZERO=-273.15     ** 絶対温度
*INITIAL CONDITIONS, TYPE=TEMPERATURE          ** 初期温度350℃
NALL, 350.0
*EQUATION                         ** 線形方程式拘束
2
3, 2, 1.0
4, 2, -1.0
** -------------------------------------------
*STEP, NAME=STEP-1, NLGEOM=YES       ** 有限変形理論で解析
*VISCO, CETOL=0.01          ** 準静的（クリープ）解析の指示
0.1, 487.0, 0.00487, 487.0
*BOUNDARY
1, 1, 2
2, 2, 2
4, 1, 1
*BOUNDARY, TYPE=VELOCITY
```

```
4, 2, 2, -0.0001          ** 低速度で圧縮変形
*OUTPUT, HISTORY
*ELEMENT OUTPUT, ELSET=EALL
CEEQ, MISES
*END STEP
*STEP, NAME=STEP-2, NLGEOM=YES, INC=999
*VISCO, CETOL=0.01
1E-20, 0.58335, 1E-25, 0.58335
*BOUNDARY, TYPE=VELOCITY
4, 2, 2, -1.0             ** 高速度で圧縮変形
*END STEP
```

4.5 Darveauxモデル

4.5.1 遷移クリープと定常クリープの加算形式

米国モトローラ社のダルベオックスら（Darveaux & Banerji[15], Darveaux et al.[16]）は、フリップチップやBGA（Ball Grid Array）実装の熱サイクル疲労解析のために、広い温度範囲と広いひずみ速度の違いにおける様々なはんだ材料について計測を行った。彼らは、計測データの分析からクリープひずみを次式で仮定した。

$$\varepsilon^c = C_T[1-\exp(-B\dot{\varepsilon}_S t)] + \dot{\varepsilon}_S t \tag{4.41}$$

右辺第1項は遷移（1次）クリープ分を表し、第2項は定常（2次）クリープ分を表している。ここで、C_T は遷移クリープの係数、B は時間に対して減衰する係数であり、$\dot{\varepsilon}_S$ は定常クリープひずみ速度である。この式を時間微分すれば次式のクリープひずみ速度が得られる。

$$\dot{\varepsilon}^c = \dot{\varepsilon}_S[1+C_T B\exp(-B\dot{\varepsilon}_S t)] \tag{4.42}$$

ここで、$t=0$ つまり、1次クリープが始まる時点で

$$\dot{\varepsilon}^c = \dot{\varepsilon}_S(1+C_T B) \tag{4.43}$$

となり、クリープひずみ速度は定常クリープひずみ速度の $1+C_T B$ 倍となる。

表 4.4　Darveaux モデルの材料パラメータと Sn3.5Ag の値

パラメータ	物理的意味	Sn3.5Ag の値
C_T	遷移クリープひずみの係数	0.167
B	時間に対する減衰係数	131.0
C_S	定常クリープひずみ速度の係数	2.46×10^5[sec^{-1}]
α	応力にかかる係数	0.0914[1/MPa]
n	ひずみ速度の感度を表す指数	5.5
Q/R	活性化エネルギーをガス定数で割った値	8700.0[K]

具体的な例として、**表 4.4** に示す Sn3.5Ag の場合 $C_T=0.167$、$B=131$ が報告されており、$1+C_TB=28.11$ であるので、遷移クリープひずみ速度を無視できないという考え方である。定常クリープひずみ速度については、式(4.31)の Garofalo の双曲線正弦則が次式のように変数名が一部変更されて、適用されている。

$$\dot{\varepsilon}_S = C_S[\sinh(\alpha\sigma)]^n \exp\left(-\frac{Q}{R\theta}\right) \tag{4.44}$$

つまり、Darveaux モデルは式(4.42)と(4.44)で構成される。

Darveaux モデルの材料パラメータのまとめと彼ら[16]が計測した Sn3.5Ag の値を表 4.4 に示す。本モデルの解析例は、次の節でまとめて紹介する。

4.6　Wiese モデル

4.6.1　双べき乗則（Double Power Creep）

Anand モデルでは熱間加工をターゲットとしているので、速いひずみ速度での精度に重きを置いていたといえる。しかし電子部品で問題になるはんだのクリープひずみ速度は一般に 10^{-10}[1/sec] から 10^{-3}[1/sec] とかなり低速であり、別のアプローチが考えられた。**図 4.11** に SnAg の実製品レベルでの応力範

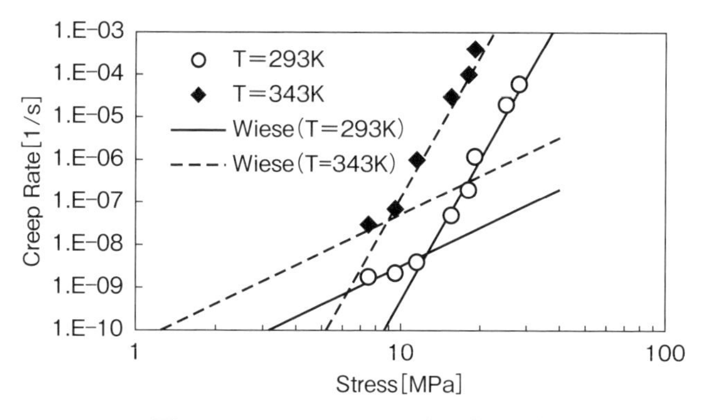

図 4.11　SnAg のクリープひずみ速度

囲におけるクリープひずみ速度の計測結果を示す。293[K] の計測温度での結果が○で、343[K] の結果が◆である。横軸が応力、縦軸がクリープひずみ速度であり、両対数グラフで示してある。図中に示した線のようにそれぞれの温度でのクリープひずみ速度は 2 つの直線で近似できることがわかる。はんだに使われる他の組成たとえば SnAgCu なども同じように整理できることからヴィーゼら（Wiese et al.[17]、Wiese & Wolter[18]）はべき乗則を組み合わせた次式を提案した。

$$\dot{\varepsilon}^c = A_1\left(\frac{\sigma}{\sigma_N}\right)^{n_1}\exp\left(-\frac{Q_1}{R\theta}\right)+A_2\left(\frac{\sigma}{\sigma_N}\right)^{n_2}\exp\left(-\frac{Q_2}{R\theta}\right)$$

$$= A_1\left(\frac{\sigma}{\sigma_N}\right)^{n_1}\exp\left(-\frac{B_1}{\theta}\right)+A_2\left(\frac{\sigma}{\sigma_N}\right)^{n_2}\exp\left(-\frac{B_2}{\theta}\right) \qquad (4.45)$$

右辺第 1 項は低応力レベルでのクリープひずみ速度を表しており、転位の上昇運動が支配的である。一方、右辺第 2 項は高応力レベルでのクリープひずみ速度を表しており、転位の上昇運動後のすべり変形が進行する過程が支配的とされる。式中の A_1、n_1、Q_1、A_2、n_2、Q_2、B_1、B_2 は材料パラメータである。R はガス定数、σ は相当応力、θ は絶対温度である。σ_N は正規化応力であり、一般に単位応力が用いられ、この考え方によって係数 A_1、A_2 の単位は時間の逆数となり、まとめやすくなっている。Wiese[17] らが同定した材料パラメータの一例

表 4.5　Wiese モデルの材料パラメータ

	A_1 [s^{-1}]	n_1	Q_1 [kJ/mol]	B_1 [K]	A_2 [s^{-1}]	n_2	Q_2 [kJ/mol]	B_2 [K]
SnAg	7E−04	3	46.8	5629	2E−04	11	93.1	11198
SnAgCu	1E−06	3	34.6	4162	1E−12	12	61.1	7349

を**表 4.5** に示す。いずれも正規化応力 σ_N は 1[MPa] である。表中のパラメータ B_1、B_2 は活性化エネルギーQ_1、Q_2 をガス定数 R で除した値である。表 4.5 の SnAg の材料パラメータを用いて、式(4.45)の第 1 項と第 2 項を個別に温度違いで表示したのが、図 4.11 の実線と破線であり、実験結果を適切に捉えられている。

▸ 4.6.2　例題（電子部品の熱サイクルクリープ解析）

電子部品パッケージの一部分として、**図 4.12** に示すリード線、はんだ(SnAg)、パッドで構成される 2 次元平面ひずみ状態の単純構造物に熱サイクルを与え、クリープ材料を適用した非弾性解析を行う。境界条件としてリード線左先端部の x 方向自由度およびパッド底面の y 方向自由度を拘束し、**図 4.13** に示す熱荷重をモデル全体に 2 サイクル分負荷する。各部品の弾性定数は**表 4.6**

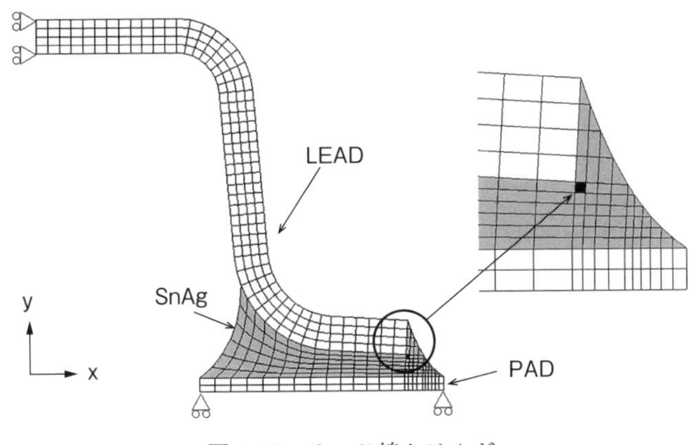

図 4.12　リード線とはんだ

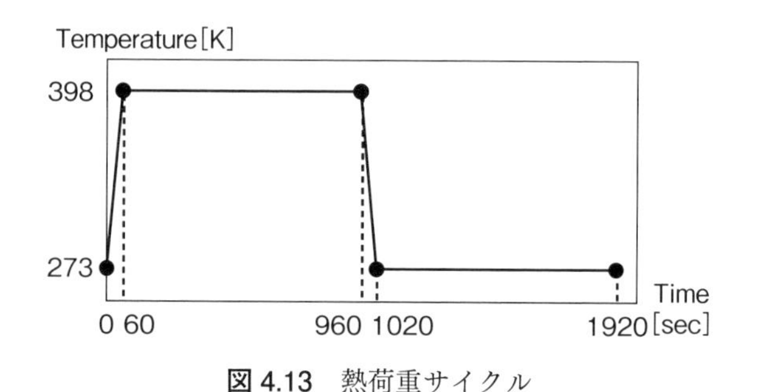

図 4.13 熱荷重サイクル

表 4.6 各部品の弾性定数

	Young's Modulus [Mpa]	Poisson's Ratio	Expansion Coef	Temperature [K]
LEAD	138034	0.3	5.87E−06	
PAD	128933	0.345	1.67E−05	
SnAg	31976 20976	0.4 0.4	2.10E−05 2.10E−05	273 398

にまとめてあり、はんだ (SnAg) のヤング率のみ温度依存性を考慮する。図4.12 の薄墨で示すはんだに、これまでに説明した様々なクリープモデルを適用して、その違いを確認する。Garofalo モデルの物性値は NPL[19] の報告書の値、Anand モデルは表 4.1 の値、Darveaux モデルは表 4.4 の値、Wiese モデルは表 4.5 の値をそれぞれ使用した。それぞれのモデルの Abaqus 入力データを Box 4.4 に示す。

解析結果として図 4.12 のリード線右先端部に近い黒で示すはんだの要素のクリープひずみ履歴を**図 4.14** に、相当応力履歴を**図 4.15** に示す。おおむねいずれのクリープモデルであっても SnAg のはんだの機械的特性を捉えているといえる。Darveaux モデルが 1 次クリープの非定常の立ち上がりを考慮しているので、他のモデルよりも応力変動時のクリープひずみが大きく、温度保持での応力緩和が大きくなっているのが、顕著な違いである。

本例では数値実験として 4 種類のクリープモデルの違いを確認した。実用的にはダンベル試験片などを使ったクリープ試験から各種材料パラメータを同定

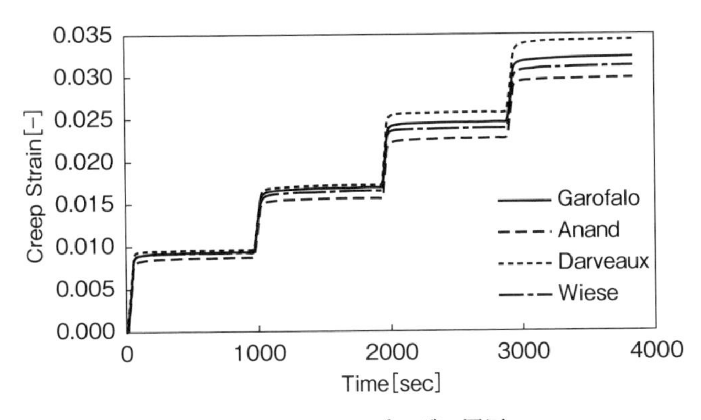

図 4.14　クリープひずみ履歴

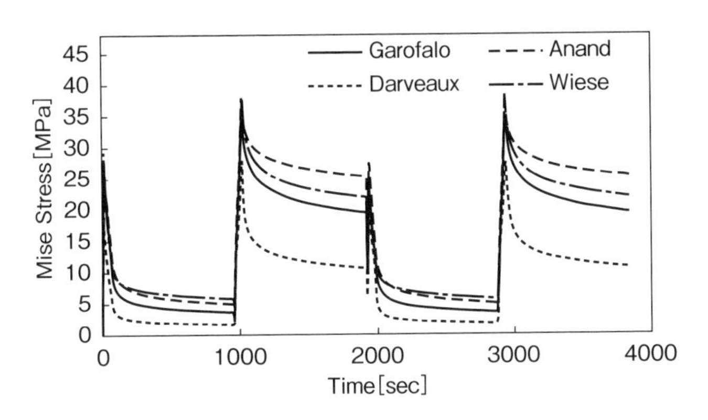

図 4.15　相当応力履歴

する必要がある。また、本質的にはパッケージ全体での剛性が重要であるので基板などを含めた全体モデルが必要となる。しかし、大規模な全体モデルに対して、いきなり難しいクリープモデルを組み込んで解析・検討する前に、本例のようにまずは簡単なモデルで検討することが非常に重要である。2 次元平面問題でも適切な境界条件を施せば、十分評価できるともいえる。

Box 4.4　各種クリープ材料の入力データ

```
** Garofaloモデル
*CREEP, LAW=HYPERB
 9.0E5,  0.06527,  5.5,  8690.3,  1.0
**   A,          β,    n,        Q,    R

** Anandモデル
*CREEP, LAW=ANAND
 28.6, 10278.36, 177016.0,  7.0,  0.207, -90939.8, 52.4, 0.0177
** S1,      Q/R,         A,    ξ,      m,        A0,    s,     n
  1.6,  -0.0673,  0.0,  960.7,  -0.956,  -3260581.8,  24976815.5
**  a,         S2,   S3,     A1,      A2,          A3,          A4

** Darveauxモデル
*CREEP, LAW=DARVEAUX
 2.46E5, 8700.0, 0.0914, 5.5, 0.167, 131.0
**    Cs,     Q/R,       α,   n,     CT,     B

** Wieseモデル
*CREEP, LAW=DOUBLE POWER
 7.0E-4, 5629.059, 3.0, 2.0E-4, 11197.98, 11.0, 1.0
**   A1,        B1,  n1,     A2,        B2,   n2,  σn
```

1990年代に電機業界を中心にはんだのクリープ解析が多数行われ、学術的にも様々な研究会が開催されていました。その当時のはやりとしてAnandモデルがもてはやされていて、猫も杓子もAnand一色だったような記憶があります。当時の私はそんなに多くのパラメータを必要とする材料モデルが実用的なのかなと少し疑問を抱いていました。その後、Darveauxモデルや Wieseモデルが提案されてきて、少ないパラメータでも精度のよい解析結果を得られるようになり、FEMによる電子パッケージの解析がより実用的になったと感じています。それ以外にも、べき乗則で温度依存の係数によるパラメータ設定で適切な解析を行える事例[20]も紹介されています。なるべく少ない数のパラメータで整理したいと思うのは私だけでしょうか？

文献

[１]　村上謙吉，“レオロジー基礎論”，産業図書，1991.

[２]　McCrum, N. G., Buckley, C. P., Bucknall, C. B., “Principles of Polymer Engineering”, Oxford Science Publications, 1997.

[３]　石川覚志，“<解析塾秘伝>非線形構造解析の学び方！”，日刊工業新聞社，pp. 68–74，2012.

[４]　Ashby, M. F., “A First Report on Deformation–Mechanism Maps”, *Acta Metallurgica*, Vol. 20(7), pp. 887–897, 1972.

[５]　小寺秀俊，“<塾長秘伝>有限要素法の学び方！”，日刊工業新聞社，pp. 129–131，2011.

[６]　Norton, F. H., “Creep of steel at high temperatures”, McGraw–Hill, New York, 1929.

[７]　Bailey, R. W., “Creep of steel under simple and compound stresses, and the use of high initial temperature in steam power plant”, *Transaction of World Power Conference*, Vol. 3, pp. 1089, 1929.

[８]　Dorn, J. E., “Some fundamental experiments on high temperature creep”, *Journal of the Mechanics and Physics of Solids*, Vol. 3(2), pp. 85–88, 1955.

[９]　Garofalo, F., “An Empirical Relation Defining the Stress Dependence of Minimum Creep Rate in Metals”, *Transactions of the Metallurgical Society of AIME*, Vol 227, pp. 351–355, 1963.

[10]　Anand, L., “Constitutive Equations for the Rate–Dependent Deformation of Metals at Elevated Temperatures”, *Journal of Engineering Materials and Technology*, Vol. 104(1), pp. 12–17, 1982.

[11]　Anand, L., “Constitutive Equations for Hot–working of Metals”, *International Journal of Plasticity*, Vol. 1(3), pp. 213–231, 1985.

[12]　Brown, S. B., Kim, K. H., Anand, L., “An Internal Variable Constitutive Model for Hot Working of Metals”, *International Journal of Plasticity*, Vol. 5(1), pp. 95–130, 1989.

[13]　Chen, X., Chen, G., Sakane, M., “Prediction of Stress–Strain Relationship with an Improved Anand Constitutive Model for Lead–Free Solder Sn–3.5Ag”, *IEEE Transactions on Components and Packaging Technologies*, Vol. 28, pp. 111–116, 2005.

[14]　谷村利伸，于強，澁谷忠弘，陳在哲，白鳥正樹，“応力緩和法を用いたはんだの弾塑性・クリープ・粘塑性の物性値取得の効率化”，エレクトロニクス実装

学会誌，Vol. 10(1)，pp. 52–61，2007.

[15] Darveaux, R., Banerji, K., "Constitutive Relations for Tin–Based Solder Joints," *IEEE Transactions on Components, Hybrids, and Manufacturing Technology,* Vol. 15(6), pp. 1013–1024, 1992.

[16] Darveaux, R., Banerji, K., Mawer, A., Dody, G., "Reliability of Plastic Ball Grid Array Assembly", Chapter 13 in Ball Grid Array Technology, 1995

[17] Wiese, S., Meusel, E., Wolter, K. J., "Microstructural Dependence of Constitutive Properties of Eutectic SnAg and SnAgCu Solders", *IEEE Electronic Components and Technology Conference,* pp. 197–206, 2003.

[18] Wiese, S., Wolter, K. J., "Microstructure and creep behavior of eutectic SnAg and SnAgCu solders", *Microelectronics Reliability,* Vol. 44(12), pp. 1923–1931, 2004.

[19] Nottay, J., Dusek, M., Hunt, C., Bailey, C., Lu, h., "Creep Properties of SnAgCu Solder in Surface Mount Assemblies", *National Physical Laboratory Report,* 2001.

[20] 于強，"車載用電子部品とパワーモジュール耐久性の高精度シミュレーション"，IDAJ：Solution Seminar Vol. 69 SIMULIA Abaqus 事例紹介セミナー，2019.

あとがき

私は、30年以上非線形有限要素法のカスタマーサポートや受託解析などに携わってきました。最近の質問内容としてはインストール関連が多いのですが、実際の内容としてはやはり接触問題に関連する収束性の問題が一番多いと実感しています。本書を手にとられた方がご存じのとおり、近年のCAEの使い方としては、単品部品の解析はほとんどなく多数の部品で構成されているアセンブリ構造が多いので、当然接触問題に関して「収束しない」とか「貫通する」などの質問が多く見られます。しかし、その解析モデルをよく見ると接触以前の問題として材料モデルや境界条件を含めた単位系が間違っているということがほとんどです。特に非常に難しい非線形材料がやたらと使用されていて、その実その材料パラメータは適当な文献にあったものとか、いわゆるソフトウェアに用意されている適当な材料データベースを単位も理解せずに使用しているという大変危険な状況が多いことは否めません。更にひどいのはそういういい加減な材料モデルを使用しているにもかかわらず、数千万に近い要素数の大規模モデルをいきなり適用して、泥沼に陥っているユーザーが如何に多いかも申し上げにくいところです。そんなデータでも運よく（不運にも？）計算が正常終了する場合があるのですが、その解析結果が実験結果や想定結果と違うと言い出す方もいて、エンジニアとしての品性を疑いたくなります。

ソフトウェアを信頼して「この程度なら簡単に計算できるだろう」という期待を持っていただいている点ではうれしいのですが、そういう方にあえて苦言を呈したいのは「ソフトウェアやマニュアルを信用するな」ということです。ノーベル生理学・医学賞を受賞された京都大学名誉教授の本庶佑先生が「教科書を信じるな」ということを教え子たちに常々おっしゃっていたそうです。この言葉自体を鵜呑みにしてはいけないと世間でもいわれているのですが、性格の悪い私は本庶先生のこの言葉を聞く以前から、マニュアルはおろか論文や書籍でさえ常に疑って斜めに構えて読んでいました。そういう癖をつけていると逆に本質的なところが浮かび上がってくるのです。特に、数式展開や記載されているグラフが本当に正しいのかどうかなどを検証することで理解が深まります。本書でも多数のグラフが掲載されていますが、解析結果以外の構成則を説明するための図やグラフの大部分は表計算ソフトウェアを使って描きました。難しい材料構成則を理解するには自分で作図すると理解が深まりますので、読者のみなさんも論文や本書およびソフトウェアのマニュアルに記載されているグラフを表計算ソフトウェアなどで描くことに挑戦してください。

さて、マニュアルを信用するなと言いましたが、やはりソフトウェアを使用するには最低限使用する機能に関してマニュアルを一読する必要はあります。しかし、最近のFEMソフトウェアはその多機能性ゆえにマニュアル自体も膨大な量であり、どこから手をつけて良いかすらわかりにくいところがあります。ようやく探し当てた箇所を見ても、高尚（高慢？　上から目線？）でわかりにくい説明でありがちですし、あちこちに参考箇所があり、そこをクリックし続けると結局は同じところに戻ってくるという有様です。こうした背景の中、もう少しわかりやすい実用的な非弾性材料の使い方を記したいという想いから、本書「非弾性材料の学び方」を執筆・出版する運びとなりました。

本書では、材料モデルの理解が深まるようにできるだけ多くの例題を紹介しました。本書と似た立ち位置にある「例題で極める非線形有限要素法　CAEで正しい結果を導くための理論トレーニング」（丸善出版）の著者である渡邊浩志先生はサンプルデータをMarcで公開されており、「これは自動車教習所で特定の車を使って練習するのと同じで、他のCAEソフトウェアでも共通した例題演習ができます。」とおっしゃっています。同じ思想の基で本書での例題はAbaqusの入力データを用いて説明してあります。CAEソフトウェアが共通しているかどうかは少し疑問符がつきますが、むしろAbaqusで設定された材料パラメータを他のソフトウェアではどのように入力するかを検討されると理解が深まると思います。あるいはAbaqusを使用できる環境にある方は、例題の材料モデルのパラメータを変更した場合に自身が想定した結果通りなのか、違う結果となった場合にはどのような理由からそうなったのかを検討することで、より本質を理解できると思います。Abaqusを使う環境がない方、または会社の設備を使用せずに自宅で勉強したいという方もいると思います。そうした方々のために、個人の学習を目的としたAbaqus Student Editionが開発元のダッソー・システムズ株式会社から無償で提供されており、インターネットからダウンロードできることを案内しておきます。ダウンロード方法などはインターネットで検索すればすぐに見つけ出せます。この教育版は使用可能な節点数が1000個に制限されていますが、本書のほとんどの例題を解析実行し結果確認できます。もちろん本書のサンプルデータは冒頭の「サンプルデータのダウンロード方法」にある通りNPO法人CAE懇話会のHP上で公開しています。使用条件を確認した上で、ダウンロードし有効活用してください。今回もCAE懇話会の辰岡正樹さんにはホームページの準備や細々とした事務手続きを代行していただき、たいへん感謝しております。また、解析事例の公開を許可していただいた株式会社三五様には深く御礼申し上げます。

本来なら前著「ゴムの有限要素法の学び方」の出版後、間をおかずに本書を世に出せればよかったのですが、約6年も経ってからの出版となったのは、ひとえに私の力不足と短期間とはいえ2度の入院生活があったためと弁解します。その入院期間中と前後に渡って献身的な看病をしてくれた妻への感謝の念は言葉には表せません。しかし「災い転じて福となす」のことわざ通り、こうした事情の元、長期にわたって構想を温めてきたので、充実した内容になっていると自負しています。ただ、今回はキャラクターにネタを披露させる遊び心の余裕がなかったので、私が主筆であるシリーズの熱心な（妙な？）愛読者の期待を裏切ってしまう結果となったことは残念でなりません。

実は、日刊工業新聞社の販売会議においても「同じシリーズでなぜこんなに時間がたってからの提案なのか？　このテーマが有効ではないからではないのか？」という意見もあったそうです。しかし、今回も日刊工業新聞社出版局書籍編集部　鈴木徹部長には、私を信用して企画・出版を実現し、丁寧なご指導ご支援をいただいたことを、心よりお礼申し上げます。

石川覚志

索　　引

（五十音順）

あ　行

か　行

さ　行

た　行

な　行

は　行

ま　行

や　行

ら　行

欧　数

〈著者略歴〉

石川　覚志

博士（工学）　京都大学大学院工学研究科修了

1961年生まれ　大阪市出身　㈱IDAJ　勤務

非線形有限要素法プログラムのカスタマーサポートを経て、非線形解析の受託解析業務に従事。2001年から、NPO法人CAE懇話会の解析塾において非線形構造解析コースを担当。延べ500名以上の受講生を指導する。2006年より、一般社団法人日本ゴム協会・ゴムの力学研究分科会の書記、2018年より同分科会の副主査を担当。

〈解析塾秘伝〉非弾性材料の学び方！

―弾塑性・クリープ材料の有限要素法解析―　　NDC 501.34

2022年 2月25日　初版1刷発行　　（定価は、カバーに表示してあります）

© 著　者　石　川　覚　志

監修者　NPO法人CAE懇話会

発行者　井　水　治　博

発行所　日　刊　工　業　新　聞　社

東京都中央区日本橋小網町14-1

（郵便番号　103-8548）

電話　書籍編集部　03-5644-7490

販売・管理部　03-5644-7410

FAX　03-5644-7400

振替口座　00190-2-186076

URL　https://pub.nikkan.co.jp/

e-mail　info@media.nikkan.co.jp

印刷・製本　美研プリンティング㈱

落丁・乱丁本はお取り替えいたします。　　2022 Printed in Japan

ISBN 978-4-526-08186-6